一起了解驚人的海洋生物祕密

世界最強的恐怖海洋生物圖鑑

Purplecow Contents Team——著

金富日——圖

ORANGE SCIENCE 07

世界最強的恐怖海洋生物圖鑑
一一起了解驚人的海洋生物祕密

PURPLECOW CONTENTS TEAM 著／ 金富日 圖

作　　者	Purplecow Contents Team
繪　　者	金富日
翻　　譯	譚妮如
總 編 輯	于筱芬
副總編輯	謝穎昇
業務經理	陳順龍
美術設計	點點設計

製版／印刷／裝訂　皇甫彩藝印刷股份有限公司

出版發行

橙實文化有限公司 CHENG SHI PUBLISHING CO., LTD
ADD／桃園市中壢區永昌路147號2樓
2F., NO. 147, YONGCHANG RD., ZHONGLI DIST., TAOYUAN CITY 320014, TAIWAN (R.O.C.)
TEL／（886）3-381-1618 FAX／（886）3-381-1620
粉絲團 HTTPS://WWW.FACEBOOK.COM/ORANGESTYLISH
MAIL: ORANGESTYLISH@GMAIL.COM

經銷商

聯合發行股份有限公司
ADD／新北市新店區寶橋路235巷弄6弄6號2樓
TEL／（886）2-2917-8022 FAX／（886）2-2915-8614

初版日期 2023年10月

一起了解驚人的海洋生物祕密

世界最強的恐怖海洋生物圖鑑

Purplecow Contents Team——著

金富日——圖

作者／Purplecow Contents Team

這是由企劃者、作家、編輯者、設計師等各個領域的專家們所組成的團隊，正在
創作各種有益的、有趣的兒童教育類實用工具書，著作有「紫色牛工作簿系
列」、「最強選拔大賽系列」等。

插畫／金富日

大學主修西洋畫和漫畫。曾任職於《韓國日報》編輯部，主要負責編輯與插畫。
曾任《newsis》多媒體部部長、《daily　zoom》漫畫組組長，亦曾負責撰寫《中
央日報》的經濟專欄8年。曾出版了教養漫畫書系列，著作有漫畫《漫畫teen
teen經濟》、《teen　teen數學漫畫》、《漫畫經濟學》等。現任「Gagoil網絡漫
畫學院」院長

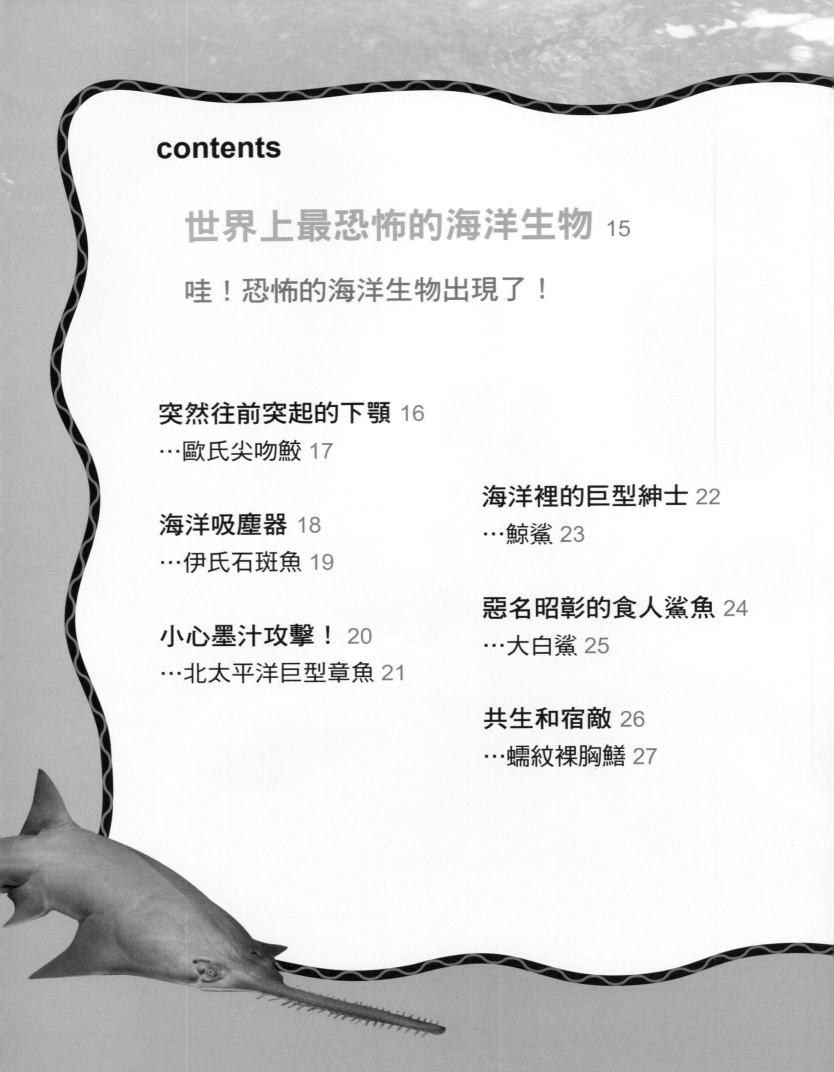

contents

世界上最恐怖的海洋生物 15

哇！恐怖的海洋生物出現了！

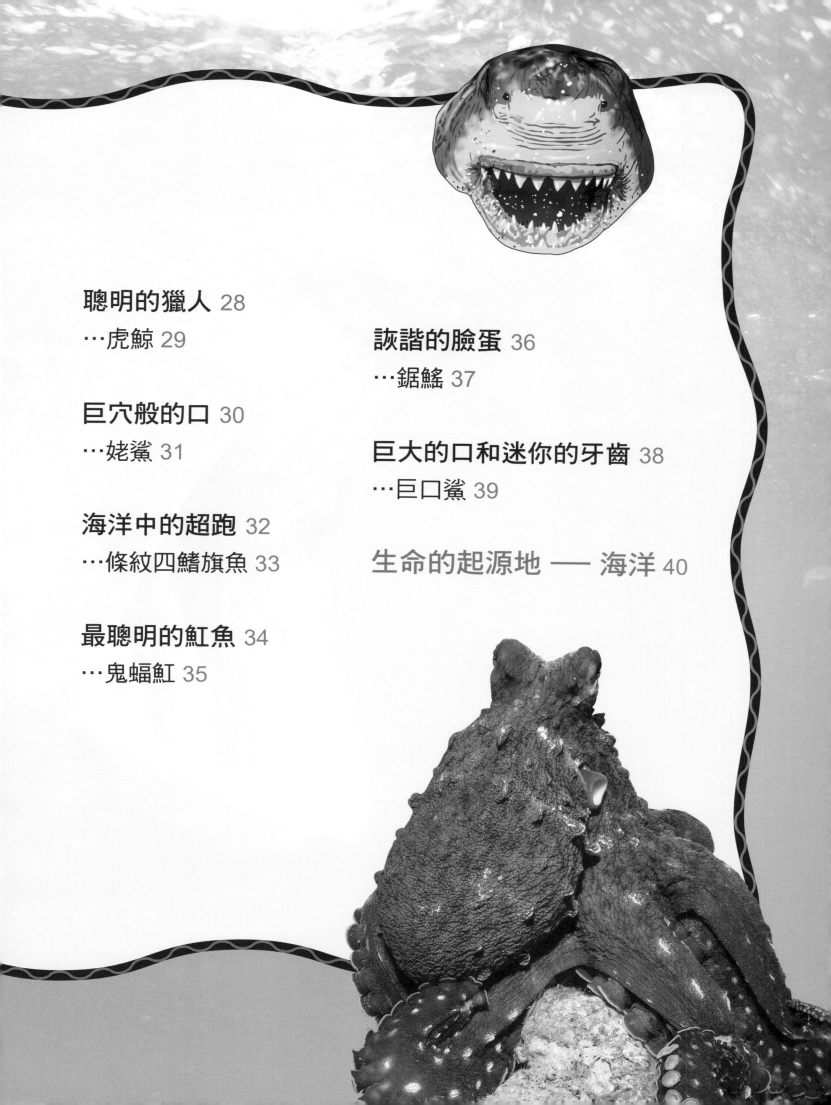

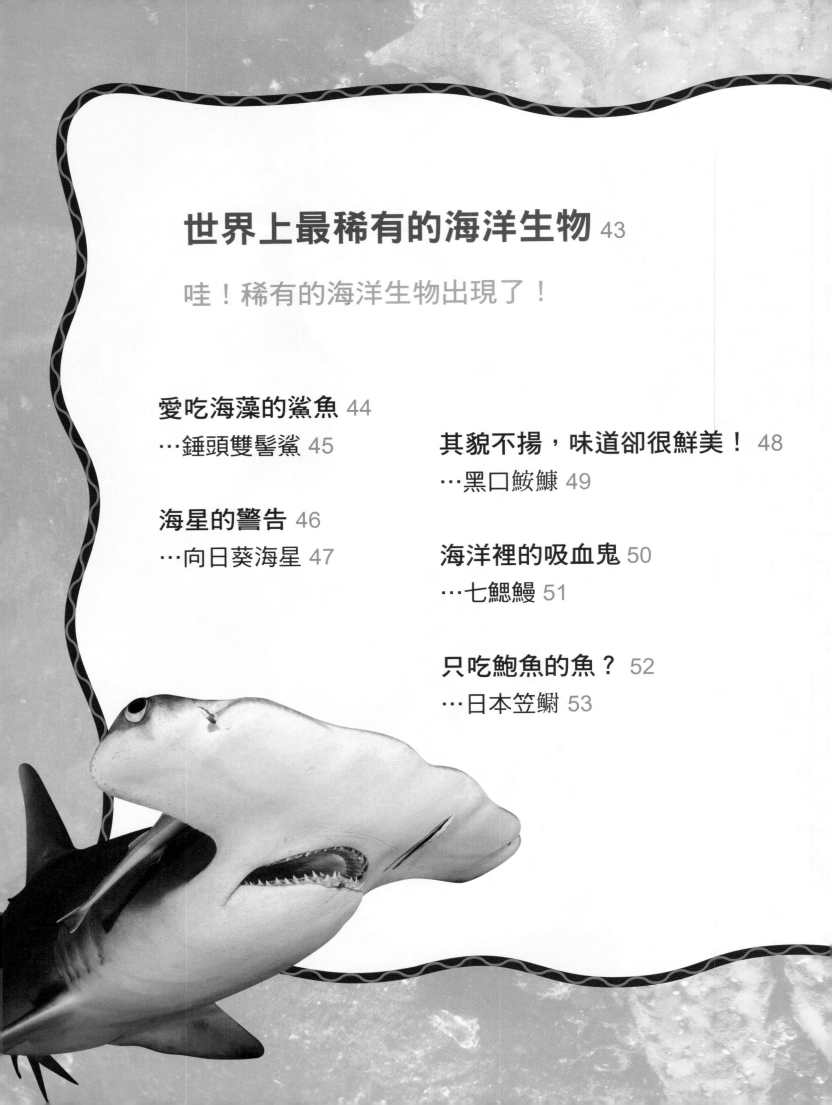

世界上最稀有的海洋生物 43

哇！稀有的海洋生物出現了！

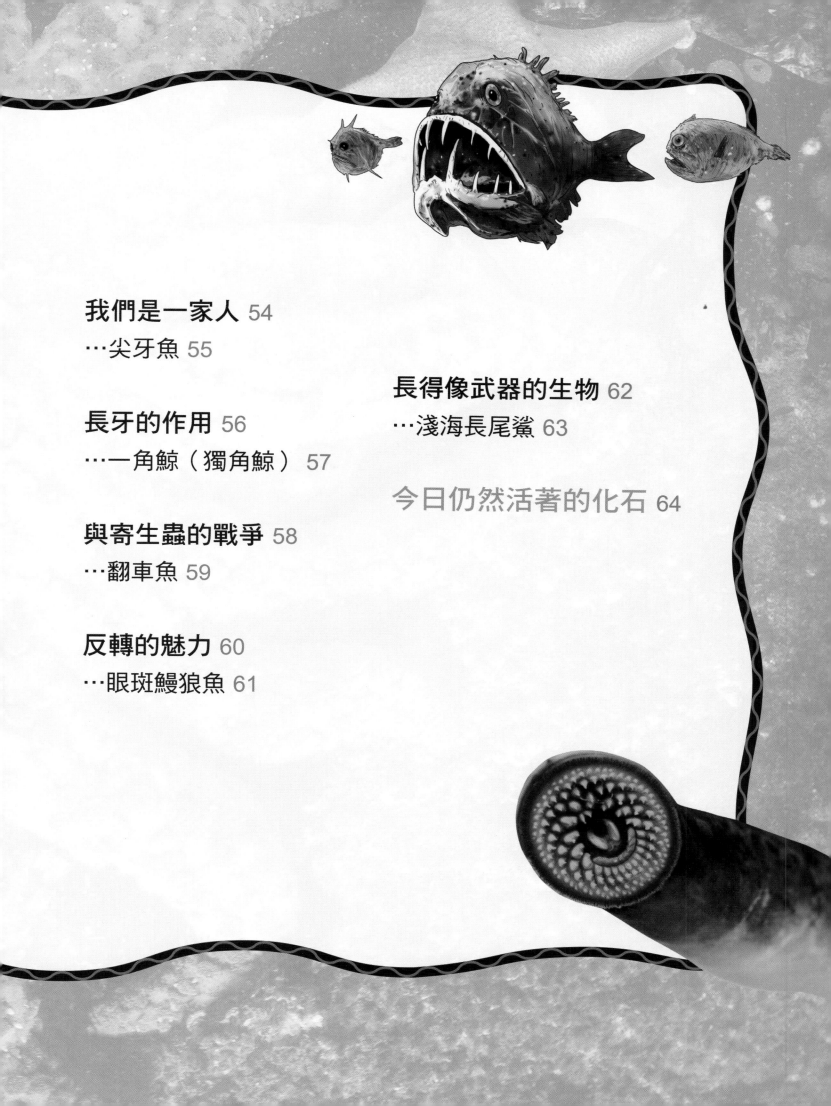

世界上最毒的海洋生物 67

哇！有毒的海洋生物出現了！

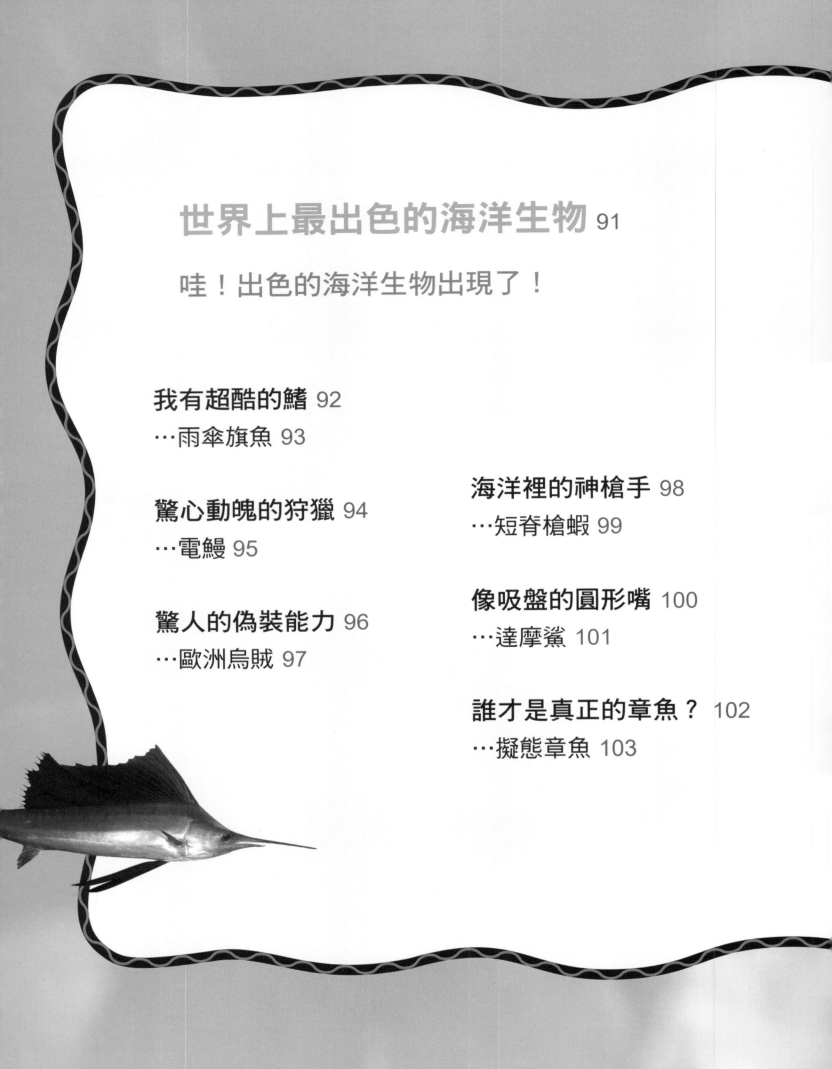

世界上最出色的海洋生物 91

哇！出色的海洋生物出現了！

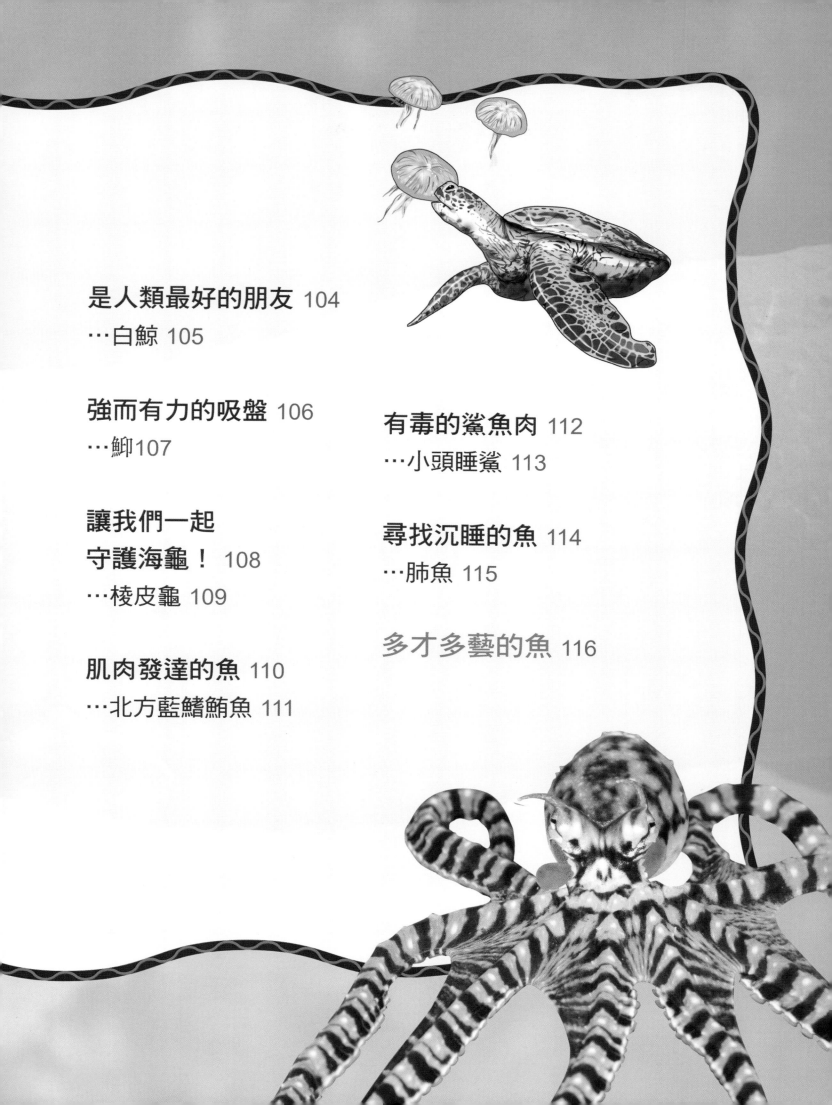

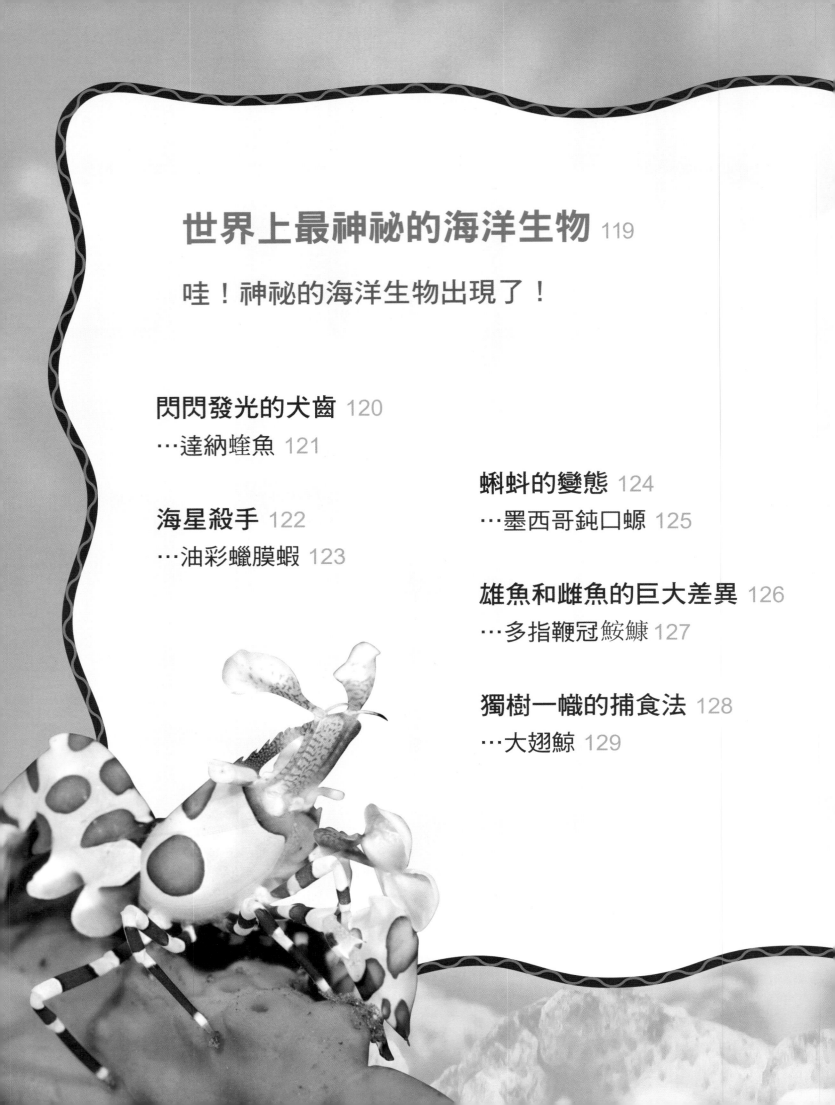

世界上最神祕的海洋生物 119

哇！神祕的海洋生物出現了！

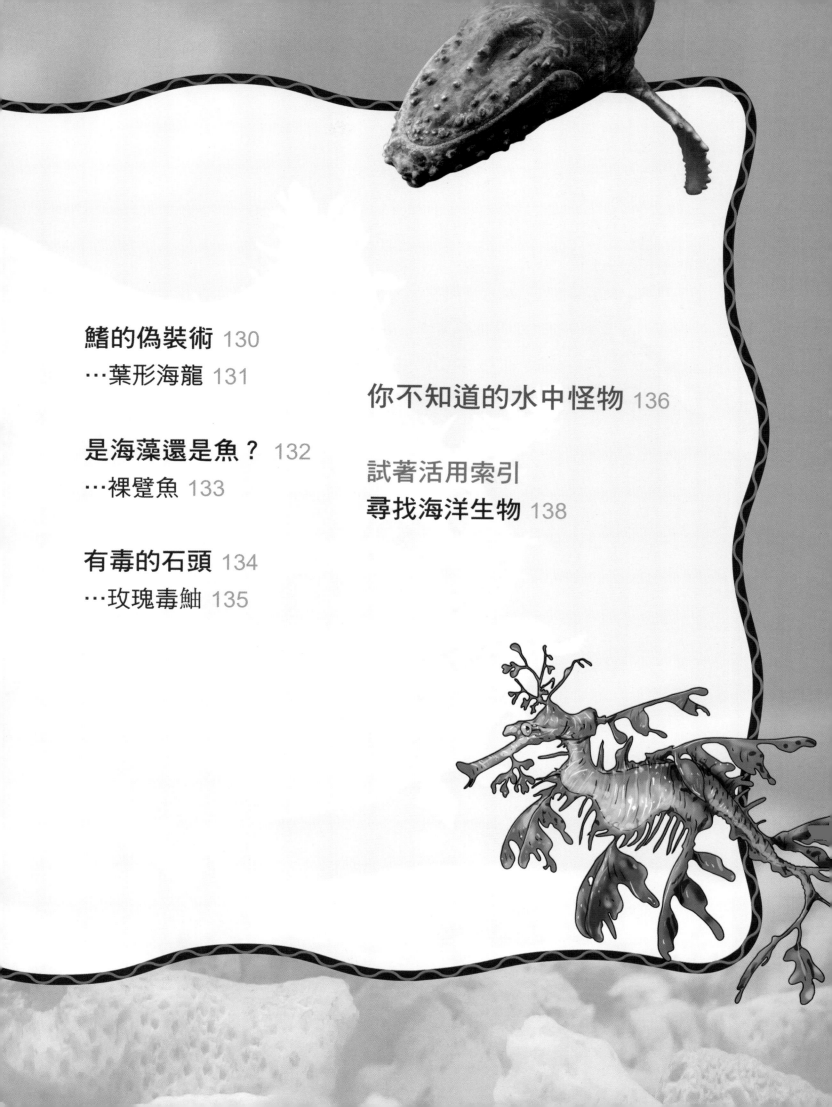

世界上最恐怖的海洋生物

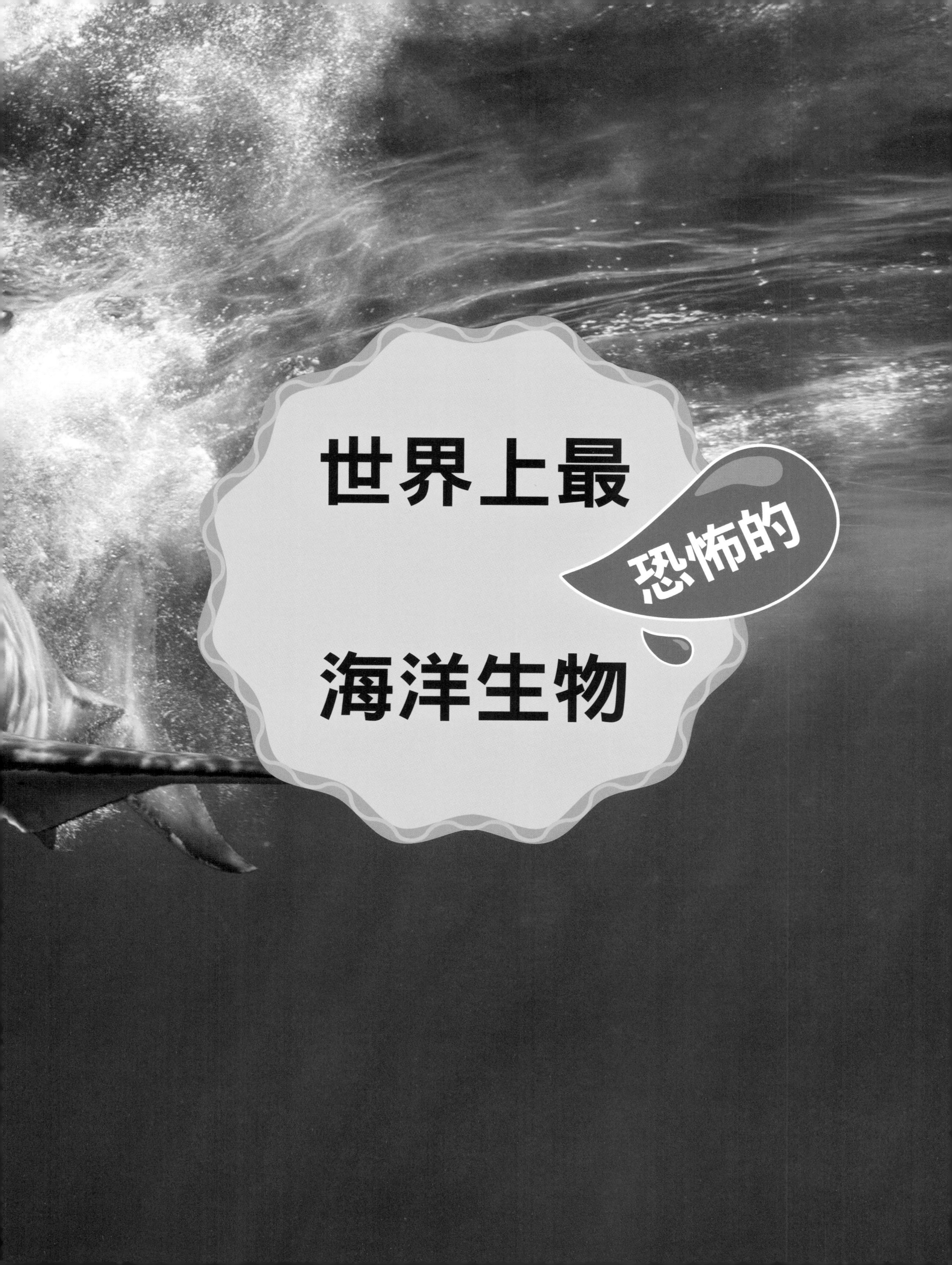

突然往前突起的下顎

就身體結構而言，外貌恐怖的歐氏尖吻鮫並不擅長在水中快速游泳。
不僅眼睛小，連視神經也小，所以視力不佳。難道是這些先天的身體缺陷，讓牠們不擅長獵食嗎？但並不是
的，歐氏尖吻鮫也有個不為人知的祕密武器喔！

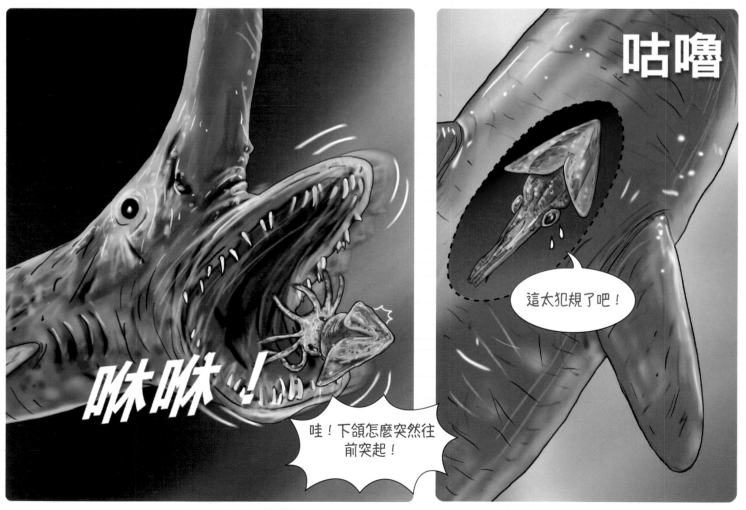

歐氏尖吻鮫下顎肌肉十分柔軟、彈性佳。每當獵物出現時，下顎就會以每秒3.14公尺的超快速度往前瞬間突
起，向前捕捉獵物。

歐氏尖吻鮫 Goblin shark

歐氏尖吻鮫的英文名字「Goblin shark」有「魔鬼鯊魚」的意思。擁有令人毛骨悚然的可怕外貌，如超長的鼻尖、往前突起的下顎和鋒利的牙齒等。牠生活在世界各地的深海裡，但其活著的身影至今從未被觀測到。因此，我們只能從屍體和化石中獲得的資訊來推測。牠們以貝類和魚類等等為食物，體色呈白色或粉紅色，有別於一般的鯊魚。

歐氏尖吻鮫

學名：Mitsukurina owstoni

棲息地：太平洋、大西洋、印度洋等深海

體長：2～7公尺

活化石

在生存於1.25億年前的尖吻鮫科（學名：Mitsukurinidae）魚類中，歐氏尖吻鮫是唯一的倖存者，因此有「活化石」之稱。

羅倫氏壺腹
（ampullae of Lorenzini）

鯊魚的頭部有一個生物電感受器官，叫做「羅倫氏壺腹」。這個器官能感知微弱的電，有助於尋找獵物或瞭解周圍環境。歐氏尖吻鮫的這個器官比其他鯊魚更為靈敏，有助於適應深海環境。

海洋吸塵器

啊啊，嚇我一跳！！！

嗚汪！

嗚汪！

當伊氏石斑魚感到危險時，就會張口並用力抖動身體，發出響亮的聲音。在水中聽到這個聲音，就像是某種龐然大物在轟隆作響，非常具威嚇性。

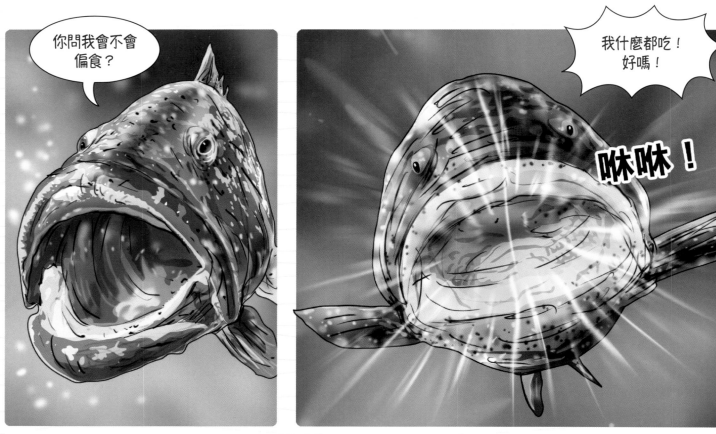

你問我會不會偏食？

我什麼都吃！好嗎！

咻咻！

伊氏石斑魚的綽號是「海洋吸塵器」，遇到什麼就吃什麼，魚類、甲殼類、軟體類、小海龜和小鯊魚等通通都吃，完全不會偏食。

伊氏石斑魚 Atlantic goliath grouper

伊氏石斑魚是體型超級龐大的魚，體長約有2.5公尺，體重約455公斤。伊氏石斑魚的體型雖巨大，但因為經常躲藏在暗礁間的縫隙或海底，再加上斑駁的皮膚被小斑點覆蓋住，所以不太顯眼。比起積極獵食，牠更偏愛躲起來，靜待獵物到來。

伊氏石斑魚

學名：Epinephelus itajara
棲息地：加勒比海、西非海岸
體長：約2.5公尺

只誕生雌魚

伊氏石斑魚出生時都是雌魚，待長大後才會視情況所需會轉變成雄魚。

美味可口的魚

伊氏石斑魚的口感和鱸魚類似，因此人類大肆捕捉，一度瀕臨絕種，故已列為極危物種並禁止捕撈。

小心墨汁攻擊！

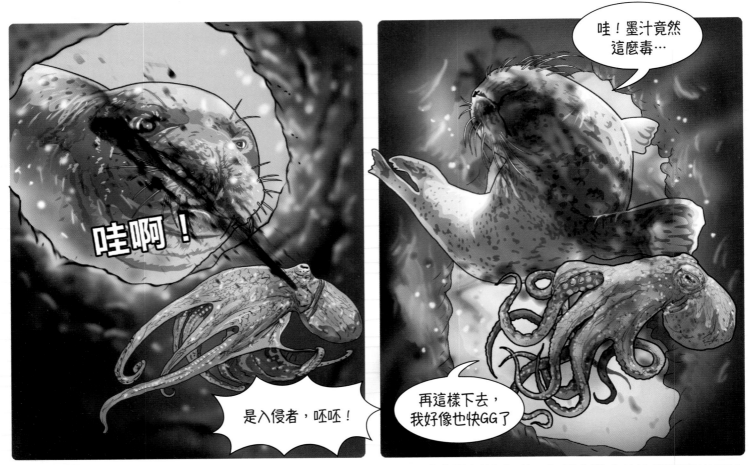

章魚一旦感受到威脅，就會像魷魚一樣噴出墨汁逃走。然而，章魚的墨汁有毒，如果在狹小的空間裡噴出墨汁時，也有可能對自己造成致命性的威脅。

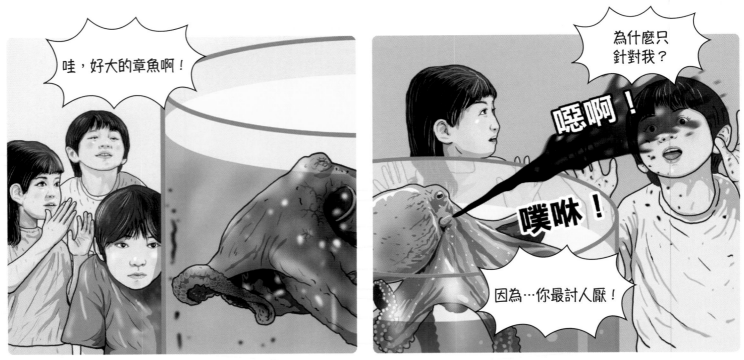

聰明的章魚愛恨分明，不僅愛開玩笑，而且對於自己特別討厭的事物也會表現得很明顯。在水族館裡被飼養的章魚，每當發現眾多人當中有牠不喜歡的人時，就會向那個人噴射墨汁。

北太平洋巨型章魚 Giant pacific octopus

北太平洋巨型章魚是體型最大的章魚之一，又被稱為大帝章魚、皮章魚等。登上金氏紀錄的北太平洋巨型章魚，體長約9.2公尺，體重272公斤。這隻大章魚的腿上有2,240個強而有力的吸盤，可以用來捕捉小鯊魚。

北太平洋巨型章魚

學名：Enteroctopus dofleini
棲息地：太平洋北部沿岸
體長：3～6公尺

驚人的高智商

章魚的腦部體積雖然只有人類的六百分之一，卻擁有一萬多個基因。由於腦部發達，記憶力非常好，可以學習或掌握各種情況。

藍血

北太平洋巨型章魚的血液中，含有一種血藍蛋白（又稱血青素、血藍素、銅藍蛋白）的蛋白質，其中含有豐富的銅。所以血的顏色不是呈紅色，而是呈藍色。

海洋裡的巨型紳士

鯨鯊的肚子裡雖然可以同時懷有大量的卵，但不會在同一時間完成孵化，而會先儲藏在肚子裡，慢慢養育再生產出來。1996年曾有漁船發現了體內懷有300隻幼鯊的鯨鯊。

即便其他動物或人類觸摸到自己的身體，鯨鯊也不會有什麼反應。因為這樣文靜的舉動，鯨鯊獲得了「海洋裡的巨型紳士」的美名。因此，在鯨鯊經常出沒的地區，會有近距離觀賞鯨鯊的體驗活動。

鯨鯊 Whale shark

鯨鯊是地球上現存的魚類中體型最大的魚。體長約 12～18公尺，體重15～20公噸。幾乎和五層樓高的建築物一樣大，但與龐大的外觀截然不同的是，個性十分溫順。即便遇到人類，也不會攻擊人類，偶爾還會跟人類開玩笑！壽命和人類差不多，約70～100年左右。

鯨鯊

學名：Rhincodon typus
棲息地：溫帶和熱帶海洋
體長：12公尺左右

結實的皮膚

鯨鯊的皮膚厚度約有10公分，十分地厚，結實的皮膚就像盔甲般保護著鯨鯊。

巨大的口

有別於鯨鯊的巨型身體，牠的主食卻是漂浮在海洋中的小浮游生物或小魚群。牠們會張口吞下海水和海水中的生物，再把海水吐出去，只進食過濾下來的食物。

惡名昭彰的食人鯊魚

大白鯊常以「食人鯊魚」之姿出現在電影中。然而，牠們對於闖進自己領域的人類，僅是出於好奇心而想要碰觸一下，並不是為了獵食。但只要輕輕碰觸一下，就會導致人類產生巨大傷口或大量出血，更嚴重的話會導致死亡。

因為大白鯊的鰓不會自己動，所以要透過活動身體來呼吸。當因為某種因素而靜止不動時，就會無法呼吸，最終會溺死。

大白鯊 Great white shark

巨型鯊魚－大白鯊，是海洋中最強的捕食者。捕食的對象包括小魚、海獅、海豹、海豚及鯨魚。雄魚平均體長3～3.5公尺，平均體重約522～771公斤。雌魚平均體長4.6～5.5公尺，平均體重約937～1,351公斤以下。迄今為止捕獲的最大一隻大白鯊是雌魚，體長6.1公尺、體重1,905公斤。牠們擁有超強的身體能力和能與狼並駕齊驅的智力，因此是超級恐怖的獵人。

大白鯊

學名：Carcharodon carcharias

棲息地：溫帶和熱帶沿岸

體長：3～5.5公尺

最強的獵人

大白鯊的上顎和下顎是呈分離的狀態，可以將嘴張到超級大，還擁有像鋸齒般強而有力的銳利牙齒。不僅視力佳，嗅覺也十分敏銳，就連掉落在海裡的一滴血都可以聞到其血腥味，還能以時速40公里移動，這些皆是作為捕食者的最佳能力。

激烈的生存競爭

大白鯊的卵自從在母鯊肚子裡孵化成幼鯊的那一刻起，就展開激烈的生存競爭，會互相吃掉彼此，只有倖存下來的才能平安出生。

共生和宿敵

蠕紋裸胸鱔與裂唇魚、蝦子的關係很好。裂唇魚和蝦子會把蠕紋裸胸鱔牙縫裡的食物殘渣或身上的寄生蟲吃掉，以幫助牠們清潔身體。這樣的互助關係稱為「共生關係」。

另外，蠕紋裸胸鱔和章魚是海洋中的宿敵。這兩種海洋生物都住在岩石縫或小洞穴裡，所以當同時發現一個好的藏身之處時，彼此就會激烈的爭奪。蠕紋裸胸鱔擁有強而有力的下顎和牙齒，但章魚有8條具備數百個吸盤的腿，所以每次的勝負都會不太一樣。

蠕紋裸胸鯙（錢鰻） Moray eel

蠕紋裸胸鯙是棲息在溫暖淺海暗礁地帶的夜行性魚類，全世界約有80多種。擁有長得像蛇般的狹長形身體，呈圓柱狀，尾部側扁。皮膚表層無鱗片，厚度偏厚，會分泌有毒的黏液。躲在珊瑚或礁石的縫隙中，以敏銳的嗅覺覓食。個性殘暴，會攻擊任何引起牠注意的生物。

蠕紋裸胸鯙

學名：Gymnothorax kidako
棲息地：印度洋、太平洋
體長：60公分左右

擁有高智商

蠕紋裸胸鯙的智商很高，如果在水族館飼育牠們，可以將牠們訓練成像小狗一樣撒嬌的生物。

第二個下顎

蠕紋裸胸鯙的喉嚨裡，擁有隱藏式的第二個下顎。當用外側的下顎捕捉到獵物時，第二個下顎就會伸出來咀嚼食物，再吞進肚子裡。

聰明的獵人

虎鯨的智商相當於7～10歲兒童的智商，除了透過撞擊獵物身體的捕食方式外，牠們的捕食方式更具策略性，會依照獵物和情況的不同，靈活運用各種不同的捕食方式。

紐西蘭地區的虎鯨會不斷拍打水面製造泡沫，將數百條鯡魚群圍在圈圈裡，用尾巴將牠們擊暈，最後再獵食。牠們也會齊心協力地打破冰層，獵殺正在冰上休息的海豹。

虎鯨 Killer whale／Orca

虎鯨擁有巨大的身體，雄鯨平均6～8公尺，雌鯨平均5～7公尺。在日本海岸曾活捉一條體長9.8公尺、體重近10公噸的虎鯨。牠們的智商也很高，是海洋生態體系中無人可匹敵的最強捕食者。因為牠們經常成群結隊地捕食獵物，所以有「海狼」之稱。不論是對以凶殘著稱的大白鯊或是一般的鯨魚而言，虎鯨都是強而有力的捕食者。然而，意想不到的是，牠們對人類不但不具攻擊性，反而常表現出想親近人類的舉止。

虎鯨

學名：Orcinus orca
棲息地：世界各大海洋
體長：5～8公尺

母系社會

虎鯨以母鯨為中心，和幼鯨成群結隊地生活在一起。即便幼鯨長大之後生了其他幼鯨，牠們也會一直生活在一起。雌虎鯨的壽命可達90年左右，因此，可以經常看到四、五代聚集在一起，組成一個大家庭的情形。

如同指紋的背鰭

虎鯨的背鰭就像人類的指紋一樣都不相同，因此可以透過背部和背部留下的疤痕及紋路來辨識個體。

用歌聲來溝通

虎鯨像海豚一樣會用聲音來溝通。此外，各個群體也有自己使用的「方言」，所以不同的群體通常不能理解彼此的信號。

巨穴般的嘴

為了吃水中的浮游生物，姥鯊經常會張著口慢慢游動，彷彿要吸走周圍的一切東西似的。事實上，牠們只是張開口而已。因此，即便靠近姥鯊，也不會被牠們吸進嘴裡。

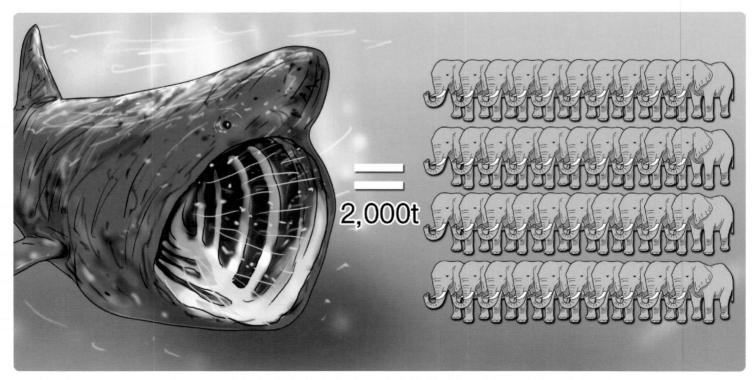

姥鯊不會積極主動地吸水，而是在慢慢游動的過程中，讓水自然地經過口，再從鰓流出。姥鯊以這種方式吸水時，1個小時可以吸進約2,000公噸的水量，相當於40頭大象的體重。

姥鯊 Basking shark

姥鯊的體型巨大，在鯊魚中僅次於鯨鯊。完全發育的姥鯊體長平均約10公尺左右，相當於雙層巴士的體積。目前的紀錄顯示，也曾有發現過15公尺長的姥鯊。巨大的體格乍看會令人心生畏懼，但仔細瞭解之後，就會發現牠們是以浮游生物為主食的溫馴傢伙。

姥鯊

學名：Cetorhinus maximus
棲息地：北太平、北大西洋
體長：10公尺左右

跳出水面！

姥鯊偶爾會像海豚一樣跳出水面，企圖把附著在自己身上的寄生蟲甩掉。

危險的日光浴

姥鯊會在水面享受日光浴，並一邊慢慢游動的習性。但卻因為這種習性，使牠們經常與船隻發生碰撞的意外，有時甚至會失去生命。

海洋中的超跑

恭喜！

恭喜！

老人與海

託我的福變成名人了吧？

條紋四鰭旗魚！謝謝你！

條紋四鰭旗魚出現在海明威的短篇小說《老人與海（The Old Man and the Sea）》中，該小說被譽為二十世紀美國最著名的小說。講述一位長期捕不到魚的老漁夫，捕到巨型條紋四鰭旗魚的過程，而海明威也因這部小說獲得了諾貝爾文學獎。

我動作很敏捷的，幾乎沒有天敵

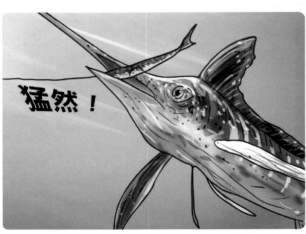

猛然！

哇咧，結果還是被人給捉到了⋯

哇，終於抓到你了！美味的條紋四鰭旗魚！

條紋四鰭旗魚在海裡沒有什麼天敵，雖然有時會被鯊魚或鯨魚吃掉，但大多數都能以飛快的速度逃跑。牠們是旗魚中最美味的，深受人們的喜愛。因此，捕捉條紋四鰭旗魚的人類，可以說是牠們最大的天敵。

條紋四鰭旗魚 Striped marlin

條紋四鰭旗魚的特徵之一，就是尖尖的長吻，看起來像針一樣，是一種大型魚類，體長4.2公尺，體重440公斤。條紋四鰭旗魚的身體呈藍色，側面有條紋，英文為「Striped marlin（條紋馬林）」。牠們不會一直停留在某個地方，而是會隨著季節的移動，為了捕食、交配等目的，而長途跋涉。以沙丁魚、秋刀魚、飛魚和魷魚等為主食。

條紋四鰭旗魚
學名：Kajikia audax
棲息地：太平洋、大西洋、印度洋
體長：3公尺左右

驚人的速度

條紋四鰭旗魚以時速100公里以上的驚人速度游動。因此可以瞬間追趕上獵物或擊敗敵人。巨大的體型和快速游動疊加起來的衝撞力，就連人類搭乘的船隻也十分危險。

刀狀上顎

條紋四鰭旗魚的吻是因上顎發達而形成的，外觀長得像長槍。因外形尖銳，看似作為刺的用途，但主要用途是像刀子一樣揮動。因為側面有像刀片的結構，所以如果從側面刺小魚時，就會截成兩截；刺大魚時，大魚會因此受重傷，導致游動的速度變慢。

最聰明的魟魚

魟魚是魚類中大腦體積最大的，其中鬼蝠魟的智商最高。在魚類中，牠最先通過了識別鏡中自己的「鏡像測試（Mirror test）」。

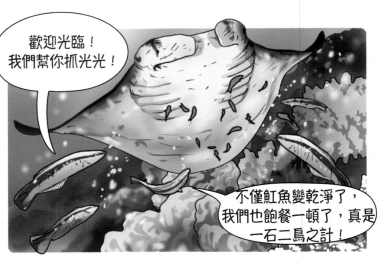

鬼蝠魟為了清除附著在身體上的寄生蟲，經常到珊瑚礁地帶，裂唇魚等魚類就會蜂擁而至，將牠們的身體清潔乾淨。鬼蝠魟和裂唇魚的關係，就像是蠕紋裸胸鱔（錢鰻）和裂唇魚的關係一樣是共生關係。

鬼蝠魟的身體上覆蓋著黏稠的黏液，能保護身體免於細菌的侵害，在游動時也能減少摩擦。如果人類的手觸摸到這些黏液，有可能使牠身上的黏液受損。如果在海上遇到鬼蝠魟時，千萬別隨便觸摸喔！

鬼蝠魟 Giant oceanic manta ray

鬼蝠魟是魟科中最大的魚類，鰭寬約7公尺，體重約2公噸。因為牠擁有像毯子般寬敞的胸鰭，而將學名取名為「Manta birostris」，「Manta」在西班牙文中意為「毯子」。不會主動獵食，而是張著大口在海中到處游動，將進入口裡的水過濾出去，只進食水中的浮游生物或小魚。

鬼蝠魟
學名：Manta birostris
棲息地：熱帶、溫帶海岸
體長：3～4.5公尺

沒有毒刺
一般魟科都有尖長尾巴，還有毒刺。鬼蝠魟也和一般魟科一樣有個尖長尾巴，但沒有毒刺。

游到最後一天
鬼蝠魟用鰓呼吸，但沒有控制水進出鰓的能力。因此，必須不斷移動，讓水通過鰓排出。換句話說，如果不游動，就無法呼吸，因此必須游到生命的最後一天。

詼諧的臉蛋

鋸鱝也和其他魟科魚一樣，口、鼻孔和鰓都位於身體底部。從下往上看鋸鱝時，會看到好像滑稽表情的臉蛋，十分有趣。

日本鋸鯊

鋸鱝

「日本鋸鯊」的外觀和鋸鱝十分相似，容易令人混淆。日本鋸鯊有長鬍子，而且身體兩側有鰓。日本鋸鯊似乎比鋸鱝更危險？事實上正好相反。鋸鱝的鋸子可以切割獵物，但日本鋸鯊的鋸子只能用來將獵物打暈。

鋸鰩 Sawfish

鋸鰩有長型鋸齒狀的吻部特徵，主要在夜間活動，可以在淡水和海水之間來回生活。昆士蘭鋸鰩（Dwarf sawfish）等小型鋸鰩的體長只有1.4公尺，但大齒鋸鰩（Largetooth sawfish）等大型鋸鰩的體長約7公尺，體重約2公噸，是淡水魚類中體型最大的。雖然看起來像是會亂揮舞的嚇人鋸子，但事實上，其性格是偏溫馴的。

鋸鰩

學名：Pristidae
棲息地：大西洋、非洲沿岸
體長：1.4～7公尺

牙齒的變化

鋸鰩長型吻部上的尖銳鋸齒是牙齒的變形。鋸齒狀吻部可以偵測到獵物的游動和心跳，有助於尋找到獵物。

口偏小

鋸鰩的口偏小，不適合咬食物，所以只能吃放得進口裡的小獵物。

巨大的口和迷你的牙齒

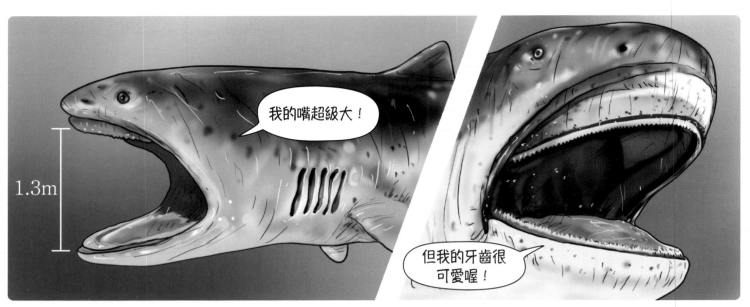

巨口鯊的口超級大，但口裡長了約50顆小牙齒。當巨口鯊吸入海水時，這些牙齒發揮了「篩子」的作用，可以過濾掉小食物。

2017年，日本曾捕獲了一條活的巨口鯊。因為牠是稀有的鯊魚，所以大家都想救活牠，不幸的是，最後卻死掉了。當日本捕獲巨口鯊時，都會發生大地震。所以很多人認為巨口鯊的出現，是地震要發生的前兆。

巨口鯊 Megamouth shark

巨口鯊於1976年11月5日在夏威夷歐胡島附近首次被發現。這是一種稀有的鯊魚，至今只觀察到60隻左右，所以關於其生態尚未被完全瞭解。此種鯊魚的眼睛很小，但擁有如同名字一般的巨型口。最大口徑約1.3公尺，相當於可以吞下一個小孩子，但牠們卻是以浮游生物等小型海洋生物為主食，而不會捕食大型獵物。

巨口鯊

學名：Megachasma pelagios
棲息地：西印度洋以外的所有
熱帶海域
體長：6～11公尺

口的周圍有
發光突起

巨口鯊的口部周圍有發光的小突起。由這些器官來推測，巨口鯊似乎比較喜歡黑暗的地方。

厚實的吻部

巨口鯊的吻部很厚，有別於其他鯊魚。這個吻部平時不太顯眼，但每當張開大口時，就會顯露出來。

生命的起源地──海洋

一談到「海洋」時，腦海裡就會聯想到什麼呢？夏天飛奔而去的海水浴場，海洋就像是我們的朋友；但一想到令人畏懼的海嘯，似乎就是一個危險的空間。海洋也是數以萬計海洋生物的家園，提供豐富的資源，在科學發展進步的今天仍然存在許多謎團。那麼海洋現在發生了什麼事呢？

藍色地球

「地球是藍色的！」這是第一位太空人尤里•阿列克謝耶維奇•加加林，在太空中看到了地球時所說的話。地球之所以看起來是藍色的，是因為地球表面約70%的面積被海洋覆蓋著，換算起來約有3.61億平方公里，超級寬廣。此外，還有一個令人驚訝的事實，地球上第一個生命就是從海洋中誕生的。

地球上的生物

迄今為止，地球上被發現的生物約有125萬餘種。但據估計，生活在地球上的生物約有1億種。所以我們所知道的生物數量只有總數的10%，約有86%的陸地生物和約91%的海洋生物尚未被發現。

比宇宙更難到達的深海！

神祕的深海

你知道去過月球的人比去過深海的人多嗎？馬里亞納海溝（Mariana Trench）是地球上最深的海洋，其深度超過10,000公尺！聖母峰是世界上最高的山峰，海拔約8,848公尺，就能據此揣測海溝的深度有多深了。

所以海洋是一個比宇宙更難到達的地方，因為探索如此深的海洋需要承受巨大的水壓。因此，我們對海洋生物的瞭解比陸地生物還要少。

海洋的祕密

海洋是一個神祕而奇妙的地方，生活著各種生物，有體長不到0.001公分、肉眼看不見的微生物，也有體長30公尺的巨鯨！未來還有更多的海洋祕密等著被揭開。

是不是對於神祕的大海感到好奇？

世界上最 稀有的

海洋生物

愛吃海藻的鯊魚

包括錘頭雙髻鯊在內的海洋最強捕食者—鯊魚，大多都是肉食性的。主要捕食魚類、魷魚、蝦、海鷗、海龜以及小鯊魚等，但最近發現了一種會吃海藻的雜食性鯊魚。

雙髻鯊科中的「窄頭雙髻鯊」，不僅會吃鰻魚、秋刀魚和蝦等食物，但更愛吃海藻類。這是因為牠們具有非常奇特的海藻消化能力。

錘頭雙髻鯊 Smooth hammerhead/ Common hammerhead

錘頭雙髻鯊的頭部看起來就像是錘子，因此也被稱為「錘頭鯊」。眼睛在長型頭部的兩端，因而擁有上下左右360度的全視角。據瞭解，全世界有10多種錘頭雙髻鯊。一般體型的錘頭雙髻鯊體長相當於人的身高，然而巨大體型的體長卻有5公尺，重達400公斤。傳聞牠們的個性非常凶殘，事實上個性卻很溫馴，至今未有殺死人的相關報導。

錘頭雙髻鯊

學名：Sphyrna zygaena
棲息地：熱帶和溫帶海域
體長：1.8～5公尺

因味道鮮美而瀕臨滅絕

鯊魚的肉、鰭、肝和油等的味道都很鮮美，常作為料理的食材。其中以錘頭雙髻鯊最為美味，因此大量的錘頭雙髻鯊被捕殺，目前已瀕臨絕種。

敏銳的頭部

錘頭雙髻鯊的大頭裡有一個特殊器官，可以敏銳地偵測水溫、水壓的變化，以及電磁場等。也因為大腦的這個特殊功能，讓牠們可以輕鬆找到躲藏在砂礫中的魚。

出色的運動神經

錘頭雙髻鯊的大腦十分發達，以運動神經最為出色。其游泳速度比其他鯊魚更為快速和敏捷。

海星的警告

海星的身體被截斷後也會再生，所以是殺不死的。向日葵海星被截斷之後，再生能力也十分出色。當遇到敵人時，這種能力就會發揮出來。

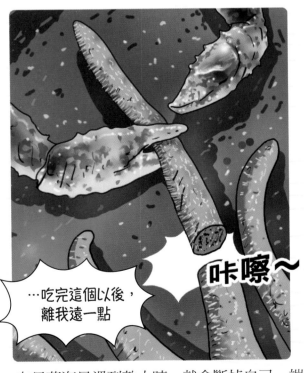

向日葵海星遇到敵人時，就會斷掉自己一端的手臂後逃跑。同時也會分泌一種發出警告訊號的化學物質，警告周圍的其他向日葵海星要小心！而被切斷的手臂幾十天後就會再長出來了。

向日葵海星 Sunflower starfish

向日葵海星的體型是海星中最大的。手臂和手臂之間的距離最長可達1公尺，體重可達5公斤，體色有紫色、紅色、紫色和褐色等，而黃色向日葵海星就像是盛開的向日葵花一般。牠們的胃口也如體型般大，在海底爬行時，遇到什麼就吃什麼。遇到大獵物時會張大嘴巴，有時還會把自己的腸胃先拿到外面，再把整個獵物吞進去。

向日葵海星

學名：Pycnopodia helianthoides
棲息地：北美太平洋沿岸
體長：1公尺左右

手臂隨著年齡增長而增多

向日葵海星小時候只有5隻手臂，長大之後就會擁有16～24隻手臂。

無數的管足

向日葵海星約有15,000個管足，附著在手臂下側。如同腳一般的管足，每分鐘約可以移動1公尺。

其貌不揚，味道卻很鮮美！

早期韓國仁川地區稱黑口鮟鱇為「multombong（韓文：물텀벙，意思是丟進水裡）」。為什麼這麼叫牠們呢？因為這種魚長得太醜了，再加上肉也很少，所以每當漁夫們捕撈到黑口鮟鱇時，就會說：「真是倒楣」，然後就把牠們「噗通」地扔進水裡了！

但是黑口鮟鱇的味道清淡爽口，鰓、鰭、卵、肝、尾巴和皮等部位都可以吃，沒有一個部位需要扔掉，因此備受人們喜愛，現在韓國還有黑口鮟鱇的料理街。

黑口鮟鱇 Blackmouth angler／Monkfish

黑口鮟鱇身體的三分之二是頭部，看起來有點好笑。其特徵是下顎比上顎更為突出的大口。習慣用這張大口吞下海底的東西。牙齒像錐子一般鋒利，大口合起來時，上下牙齒會緊緊咬合，所以一旦被牠們咬住，就很難脫身。沒有鱗片附著在灰色和棕色的身體上，但有皮質片。

黑口鮟鱇

學名：Lophiomus setigerus
棲息地：太平洋、印度洋
體長：60公分左右

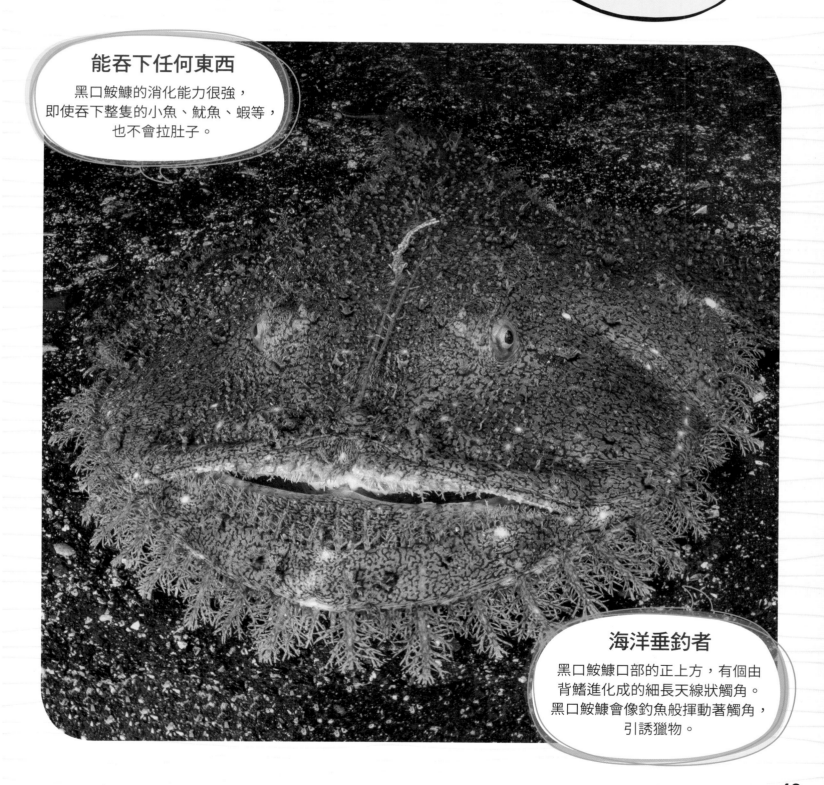

能吞下任何東西

黑口鮟鱇的消化能力很強，
即使吞下整隻的小魚、魷魚、蝦等，
也不會拉肚子。

海洋垂釣者

黑口鮟鱇口部的正上方，有個由
背鰭進化成的細長天線狀觸角。
黑口鮟鱇會像釣魚般揮動著觸角，
引誘獵物。

海洋裡的吸血鬼

看到我們鋒利的下頜線了吧？

星康吉鰻

海鰻

嘖！

七鰓鰻

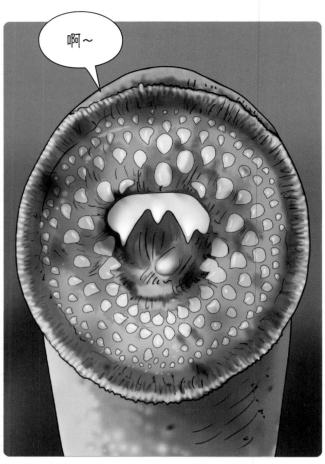

啊～

與其他魚類不同，七鰓鰻的口沒有下顎，呈圓形。在鰻魚科中，就屬牠的長相獨樹一幟，口裡長滿了尖銳的牙齒，看起來非常可怕。

啊啊～是吸血鬼！

讓我來嚐嚐你的血！

七鰓鰻由於身體結構的關係而無法獵食，會用吸盤一般的口吸附在另一條魚的身上，並吸食那條魚的血、體液和肉等，所以七鰓鰻的綽號是「海洋吸血鬼」。

七鰓鰻 River lamprey

七鰓鰻的名稱是因身體兩側有七對鰓洞而得名的，牠看起來就像是一條細細長長的鰻魚。往返河流和海洋之間生活，在海洋生活2～3年後，春天時回到河邊交配，在鋪著石礫的河床產卵，然後迎接死亡。從魚卵中誕生出來的幼魚會生活在河床的泥濘中，之後回到海裡。因脂肪含量高，因此味道鮮美，經常被做成料理。

七鰓鰻

學名：Lampetra japonica
棲息地：北極附近的海岸和淡水
體長：40～50公分

還未進化完成

七鰓鰻有一張沒有下顎的圓形口，這種口形常見於古老時代的魚類化石中。其他魚類已經進化成擁有下顎的外型，但七鰓鰻仍然保留著原始的外觀。

寄生魚

七鰓鰻不獵食，只用吸盤般的圓形口，附著在其他魚身上。然後，用舌頭上的牙齒咬住被附著的魚肉，並吸吮其體液。

只吃鮑魚的魚？

在韓國部分地區稱日本笠鰤為「鮑魚癡」，意思是指只吃鮑魚的魚。韓國的市場商人還宣傳日本笠鰤是只吃鮑魚的名貴魚。

事實上，牠們是雜食性，沒有證據證明牠們只吃鮑魚。牠們遇到什麼就吃什麼，蝦、貝類、鮑魚等海洋生物，以及海帶等海藻類通通都會吃。

日本笠鰤 Fringed blenny

日本笠鰤有著厚實的吻部和帶著尖刺的背鰭，頭部、臉頰和下顎上都長著樹枝狀的小突起。長相雖凶惡，性格卻偏溫馴。一般生活在水深30公尺以下的岩石地區，要產卵時會移動到更淺的地方產卵。除此之外，關於牠們的生態所知不多。因其味道鮮美，捕獲的量不多，所以是非常珍貴的魚。

日本笠鰤
學名：Chirolophis japonicus
棲息地：韓國近海、日本北部
體長：25～45公分

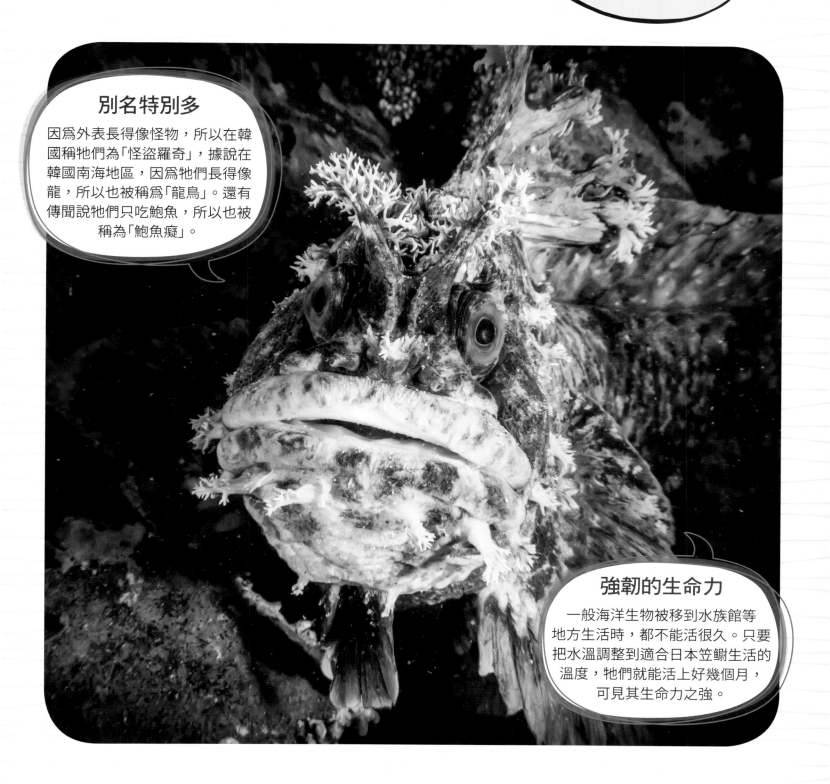

別名特別多

因為外表長得像怪物，所以在韓國稱牠們為「怪盜羅奇」，據說在韓國南海地區，因為牠們長得像龍，所以也被稱為「龍鳥」。還有傳聞說牠們只吃鮑魚，所以也被稱為「鮑魚癡」。

強韌的生命力

一般海洋生物被移到水族館等地方生活時，都不能活很久。只要把水溫調整到適合日本笠鰤生活的溫度，牠們就能活上好幾個月，可見其生命力之強。

我們是一家人

尖牙魚擁有比身體更長的牙齒，是目前所發現的海洋生物中最長的。但因為牙齒太長了，導致嘴都合不攏，這些長牙是能一次打敗獵物的最佳武器。

尖牙魚的幼魚外觀和長大的樣子很不一樣。幼魚的眼睛大，體色也較淡，鰓蓋上有尖刺。所以以前會誤把幼魚當成是另一種魚。

尖牙魚 Fangtooth

外貌長得像鬼一樣可怕的尖牙魚是一種深海魚，生活在水深2,000公尺之處。因為擁有往返深海和淺海的能力，所以是深海魚中比較早被人類發現的魚類。牠們還可以承受4度左右的低水溫或15度的高水溫，對溫度變化展現了出色的適應能力。因此，牠們是少數可以棲息在大多數海洋的深海魚。

尖牙魚（又稱角高體金眼鯛）

學名：Anoplogaster cornuta
棲息地：全球各大洋熱帶至
溫帶海域
體長：約18 cm

無發光的器官

一般生活在深海的生物，經常透過發光來引誘獵物。尖牙魚雖沒有能發光的器官，但可以在深海中快速游泳、積極捕食。

結實的身體

大部分深海生物的肌肉退化、
沒有鱗片並且身體很軟。
但尖牙魚卻擁有一個
長滿小刺的結實身體。

長牙的作用

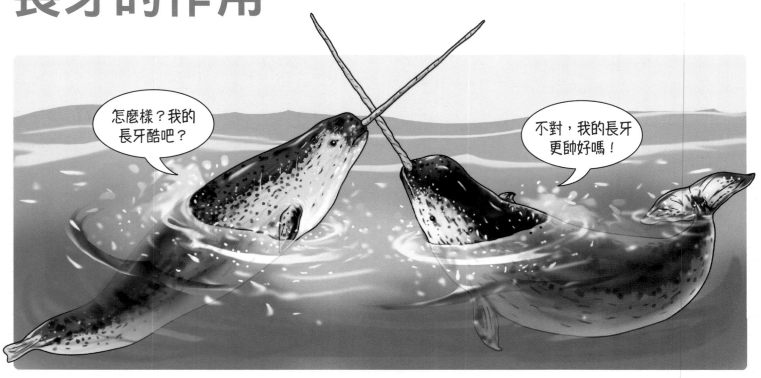

關於一角鯨的長牙作用，目前還不太清楚。目前所知道的最大作用，就是雄鯨在交配時，會在雌鯨面前炫耀自己的漂亮長牙，因為這長牙只有雄鯨才有。

但是2017年5月，在加拿大有人看到一角鯨利用長牙打暈鱈魚後再吃掉。意思是說，除了向雌性炫耀之外，長牙還有其他的用途。

一角鯨 Narwhal

一角鯨也稱為「獨角鯨」，生活在北極地區。關於牠們的生態研究至今仍不多。在鯨魚中，牠們擁有最獨特的長相，有一個細細長長的牙齒，看起來就像是獨角獸的角。這個長牙平均長度約3公尺，重量約10多公斤。事實上，中世紀的探險家曾以高價出售一角鯨的長牙，稱牠們的長牙是傳說中獨角獸的角。因此，一角鯨現在已瀕臨絕種。

一角鯨
（又稱獨角鯨和長槍鯨）
學名：Monodon monoceros
棲息地：北極
體長：約3.5～5公尺

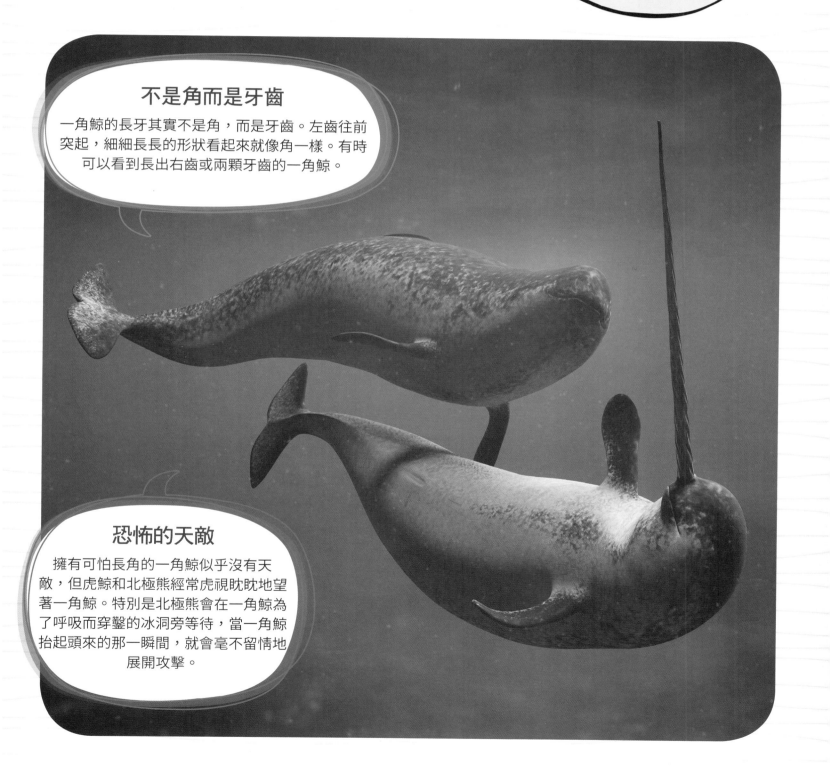

不是角而是牙齒

一角鯨的長牙其實不是角，而是牙齒。左齒往前突起，細細長長的形狀看起來就像角一樣。有時可以看到長出右齒或兩顆牙齒的一角鯨。

恐怖的天敵

擁有可怕長角的一角鯨似乎沒有天敵，但虎鯨和北極熊經常虎視眈眈地望著一角鯨。特別是北極熊會在一角鯨為了呼吸而穿鑿的冰洞旁等待，當一角鯨抬起頭來的那一瞬間，就會毫不留情地展開攻擊。

與寄生蟲的戰爭

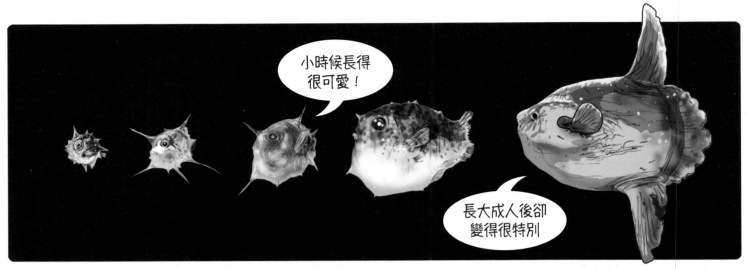

剛從卵裡孵化出來的翻車魚只有2.5公釐，外貌和長大後的翻車魚大不相同。然而，隨著年齡的增長，尾鰭會退化，但背鰭和後鰭卻變得越來越大，形成獨特的形狀。

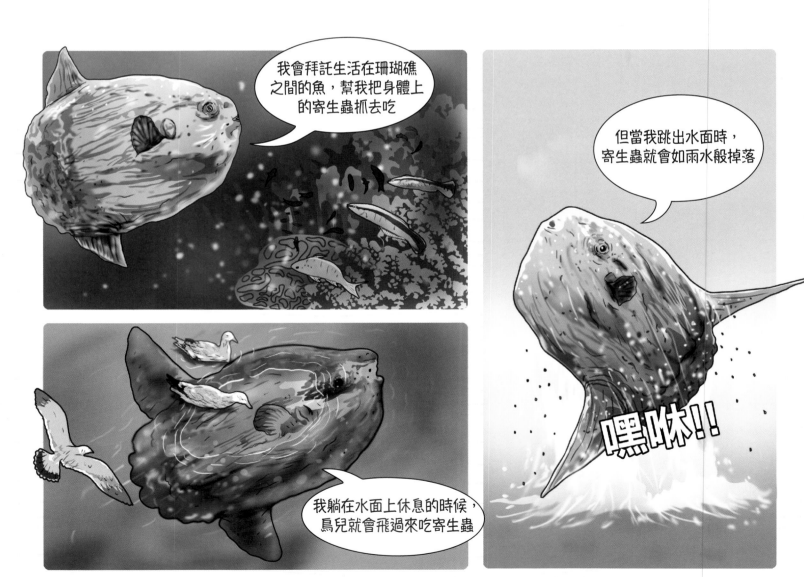

有「海洋醫師」之稱的翻車魚，可以清除附著在別隻魚身上的寄生蟲，可是自己身上卻附著了40多種寄生蟲。因此，牠們會使用各種方法來清除這些寄生蟲。

翻車魚 Ocean sunfish/Common mola

翻車魚的形狀奇特，擁有圓形的橫向扁平狀軀幹，但沒有尾巴，還有一個非常小的吻。體長4公尺，體重2,000公斤，是現代硬骨魚類中體型和骨架最大的魚。根據傳聞，即便是很小的壓力，也很容易讓牠「突然死亡」，但這是錯誤的資訊。事實上，除了虎鯨和大白鯊之外，翻車魚幾乎是沒有天敵的。

翻車魚

學名：Mola mola
棲息地：溫帶和熱帶海洋
體長：1.8～4公尺

巨量的魚卵

翻車魚一次產卵量高達3億多顆。然而，大多數翻車魚在小的時候會被吃掉，只有一、兩隻可以平安地存活下來，成為大魚。

海洋醫師

翻車魚的皮膚又硬又粗糙，因此其他魚類會用自己的身體摩擦翻車魚的皮膚，以清除附著在牠身上的寄生蟲。這時，翻車魚的皮膚會分泌抗生素，治療魚類的傷口，因此有「海洋醫師」的稱號。

反轉的魅力

眼斑鰻狼魚因為擁有巨大體型、強壯的下顎，還有外觀像錐子般的鋒利牙齒，看起來十分嚇人。德國媒體報導，當初一看到眼斑鰻狼魚的照片時，德國人稱牠們為「怪物魚」。 然而，與凶惡外表相反的是，個性卻非常溫馴友善。

因此，牠深受潛水者的喜愛。如果以海膽、海星、小魚等作為誘餌來討牠們歡心，就可以看到眼斑鰻狼魚靠近撒嬌的樣子。

眼斑鰻狼魚 Wolf fish

眼斑鰻狼魚擁有像狼一般牙齒、突出的凶狠臉蛋和像鰻魚一般細長的身體。因此，牠們有「海狼（wolf eel）」之稱，但實際上是屬於鱸形目。牠們不喜歡到處移動，大多以狹窄的岩石縫隙作為安身之地，靜靜地躲藏著。除了交配以外，牠們幾乎都獨自生活。成長速度十分緩慢，大約需要花費6～10年的時間。

眼斑鰻狼魚

學名：Anarrhichthys ocellatus
棲息地：北大西洋
體長：150公分左右

由爸爸來守護你！

雌眼斑鰻狼魚一次會產下約5,000至12,000顆卵。之後，由雄眼斑鰻狼魚負責保護這些卵，直到幼魚孵化出來。雖然平時很安靜，但是守護卵的時候，會表現出凶猛和攻擊性的一面。

不會結凍的血

眼斑鰻狼魚主要生活在寒冷地帶。血液中含有防止血液結凍的物質，即使在降到零度以下的冰水中，也能生存下去。

長得像武器的生物

朝鮮時代的武器「環刀」

狹長的環刀呈圓弧狀，和我的尾巴長得很像

「環刀」是韓國朝鮮時代作為武器的長劍，呈圓弧狀彎曲。淺海長尾鯊的狹長尾巴長得很像環刀，因此在韓國又稱牠們為「環刀鯊」。

割草用的西方「鐮刀」

哇，連這個鐮刀也很像！

牠們的英文名字為「Thresher shark」，這是因為牠們的尾巴形狀與以前西方割草或收穫作物時使用的鐮刀相似。

淺海長尾鯊 Thresher shark

淺海長尾鯊以其長尾巴超過體長一半而聞名。得益於這個長尾巴，讓牠們得以快速游泳，輕鬆轉換方向。長尾巴的推力，也讓牠們可以做出像鯨魚般躍出海面的「跳躍」動作。牠們的主食有喜歡成群結隊的鯵科魚類、鯖屬魚類、鮪魚幼苗等小魚類，以及魷魚。

淺海長尾鯊（又稱淺海狐鮫）

學名：Alopias pelagicus

棲息地：太平洋、印度洋、大西洋

體長：1～5.5公尺

鞭子般的尾巴

淺海長尾鯊不會像其他鯊魚那樣撕咬獵物，但會像在甩鞭子般揮動長尾巴，會把獵物打暈後再吃掉。

安全的鯊魚

淺海長尾鯊擁有較溫和的個性，不太會靠近像人類體格般大小的生物，所以幾乎不會攻擊人。即便咬人，也因為擁有比其他鯊魚更小的口，所以很難造成致命性的傷害。

今日仍然活著的化石

變成化石的生物通常現在已絕種，或外觀進化成和過去不同的樣貌。然而，有些生物的化石和現在的樣子幾乎一模一樣，這些生物被稱為「活化石」。

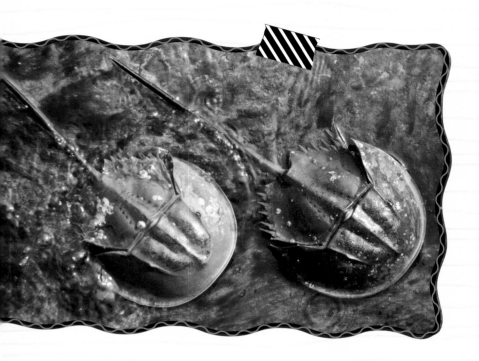

鱟（Horseshoe crab）

又名馬蹄蟹、蟹兜、夫妻魚。被馬蹄形石灰質覆蓋住的鱟是甲殼類動物，至今幾乎保留著約4.5億年前的原始面貌。據推測由於牠們沒有太多的天敵，生活方式簡單，得以存活至今，也沒有太多的進化。就生物學的角度而言，鱟和蜘蛛或蠍子的關係，比螃蟹更為親近。

腔棘魚（Coelacanth）

據瞭解，腔棘魚約於3.75億年前出現在地球上，之後約於7,500萬年前的白堊紀完全滅絕。然而，1938年牠們在南非附近被捕獲，並一直存活至今，這一項發現被認為是20世紀古生物學界最偉大的發現之一。牠們擁有堅硬的鱗片和腿狀的鰭，估計壽命在100年左右。

我可以活到100歲哦～

鸚鵡螺

（Chambered nautilus）

又稱為珍珠鸚鵡螺。鸚鵡螺幾乎保持著5億年前的長相。殼向內捲的部分就像是鸚鵡的嘴喙一般，因此取名為鸚鵡螺。從名字上來看，會誤以為牠是「蛤」類，但其實是魷魚、章魚等頭足綱的祖先。鸚鵡螺的殼裡有一個空間，裝滿水後能調節浮力，以便在海上漂浮。

我不是蛤蜊，而是魷魚的親戚

鱟蟲

（Triops longicaudatus）

又名三眼恐龍蝦。鱟蟲的化石最早是在約3.5億年前的古生代地層中發現的，之後經歷了中生代、白堊紀，直到現在幾乎仍維持著差不多的外貌。雖然背上的扁平頭盔狀外殼和中華鱟很像，但中華鱟生活在海中，鱟蟲卻生活在積水的水坑或稻田等地方。包括尾巴在內的體長約10公分左右，壽命比較短，約只有2～4個星期。

別以為溫馴就掉以輕心

我噴毒主要是防守，而不是攻擊啊

海蛇擁有致命性的劇毒，但不會隨便使用。牠們攻擊敵人或捕食獵物時，幾乎不使用這個武器，武器主要用在保護自己，防守時才會使用。

你的口很小、犬齒也很短，應該無法咬穿潛水衣吧？

你最好還是小心點吧！因為我的毒非常駭人！

牠們的性格溫馴，很少出現主動攻擊人的情形。此外，牠的口很小，再加上會噴毒的犬齒也很短，所以只能勉強咬傷人的手指頭或腳趾頭。即便如此，如果被牠咬到仍是十分危險的，所以在海上遇到牠們的話，要很小心！

貝氏海蛇 Belcheri sea snake

貝氏海蛇是世界上最毒的爬行類動物之一，擁有像眼鏡蛇般的劇毒。但比眼鏡蛇毒液的毒性還強上100倍以上，僅2毫克就可以殺死1千名成年男人、25萬隻老鼠。全身為深綠色條紋或黃色條紋所覆蓋，躲藏在珊瑚礁的縫隙中生活，捕食魚類、蛤蜊等為食。

貝氏海蛇

學名：Hydrophis belcheri

棲息地：印度洋、澳大利亞一帶海洋

體長：50～100公分

還在進化中

海蛇原本是生活在陸地上，之後才進入海裡生活。因此尾巴末端進化成扁平狀，以便游泳。然而，因為沒有可以在水中呼吸的鰓，所以每間隔7～8個小時就會浮出海面上呼吸。

生活在淺海

海蛇是冷血動物，就像生活在陸地上的蛇一樣。為了維持體溫，需要溫水和陽光，所以很難生活在水深100公尺以上的水裡。

海洋裡的藍天使

大西洋海神海蛞蝓，擁有美麗的外貌，因而有「藍天使（blue angel）」之稱。體型十分嬌小，可以放入手掌裡。但別忘記，大多數美麗的生物都是有毒的。

和美麗的外表不同，大西洋海神海蛞蝓會吃擁有劇毒的僧帽水母。因為牠們會將僧帽水母的毒素濃縮在體內，所以十分危險。

大西洋海神海蛞蝓 Blue ocean slug

大西洋海神海蛞蝓擁有絢麗的藍色，被稱為世界上最美麗的軟體動物。漂浮在水面上，分叉的藍色觸鬚就像是龍的翅膀，所以魚又被稱為「藍龍（blue dragon）」。然而，與美麗的外表不同，以有毒的水母為主食，再將這些水母的毒液儲存在體內，以備在緊急情況下噴射。

大西洋海神海蛞蝓

學名：Glaucus atlanticus
棲息地：太平洋、大西洋、印度洋等溫帶和熱帶海域
體長：3～5公分

仰泳般漂浮著

大西洋海神海蛞蝓的藍色部分是肚子，而不是背部。牠們就像人仰泳一般，躺着漂浮一生。背部呈白色。

雌雄同體

與一般蝸牛一樣，大西洋海神海蛞蝓也是雌雄同體。隨著需要，可以隨時更換雌性角色或雄性角色。

完美的保護色

藍色看起來很豔麗，似乎很容易被敵人看見，但其實是保護色。從海面上看藍色的肚子時，顏色和海的藍色很類似，所以不太顯眼；從海底看白色的背部時，幾乎無法和陽光區分。

絢麗的毒刺

每當敵人逼近時，環紋蓑鮋就會先張開鰭，在視覺效果上讓自己的身體顯得更大，以威脅敵人。這時如果敵人仍不退縮，就會用鰭上的毒刺擊退敵人。

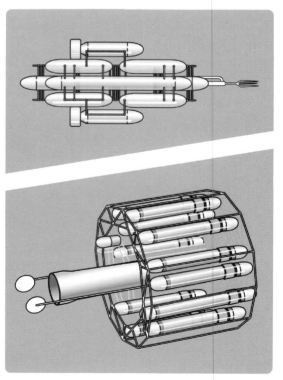

另一方面，沒有天敵的環紋蓑鮋正在迅速繁殖，威脅著其他魚種。由於擔心生態體系遭到破壞，佛羅里達州正在舉辦用魚叉捕殺環紋蓑鮋的競賽，環保團體也正在開發捕捉環紋蓑鮋的水中機器人。

環紋蓑鮋 Luna lion fish

環紋蓑鮋的斑馬紋身體上，有著細長的背鰭和胸鰭。胸鰭張開的樣子就像獅子一樣，所以英文名字為「獅魚（Lion fish）」。胸鰭上的刺含有可以奪去人生命的可怕劇毒。當牠們躲藏在珊瑚和海藻之間時，就不會太顯眼。所以會靜靜地躲著，再捕食路過的小魚或甲殼類動物當食物。

環紋蓑鮋
學名：Pterois lunulata
棲息地：印度洋、太平洋
體長：約25～30公分

龐大的繁殖力
環紋蓑鮋不僅有毒刺，也沒有天敵，而卵的產量也超多！一次可以產1萬個以上的卵，因此環紋蓑鮋的數量越來越多。

生態體系破壞者
環紋蓑鮋性格暴躁、食慾旺盛，有隨遇而吃的習性。因此，在某些地區因為環紋蓑鮋捕殺了周圍的海洋生物，而導致生態體系出現問題。

請小心嬌小玲瓏的美麗章魚！

僅在亞熱帶海域才能看到的藍環章魚，從幾年前開始也經常在韓國出沒。若因為牠們長得小巧漂亮，就隨意地觸摸的話，有可能會面臨極大的危險，所以要時時小心。

藍環章魚捕捉到靠近自己的小螃蟹或魚，會用鋒利的牙齒注入毒素。由於毒素會導致獵物麻痺和呼吸困難，所以獵物只要被咬一次就會死亡。

藍環章魚 Greater blue-ringed octopus

藍環章魚是生活在水溫約21～27度的溫暖海水中的小章魚。平常牠們的顏色和周圍的岩石或海藻類似，當感到威脅時，體色就會轉變成亮黃色，並出現藍色環狀紋路。這是警告敵人自己身上有毒，不要靠近！牠們的吸盤小、吸力不強，再加上不太擅長游泳，所以一般會在海底緩慢地爬行，捕食螃蟹和小魚為食。

藍環章魚

學名：Hapalochlaena lunulata
棲息地：南太平洋一帶
體長：10公分左右

劇毒

藍環章魚的牙齒和墨汁含有河魨毒素（tetrodotoxin）等七種毒素混合成的劇毒。這是一個致命的毒藥，可以奪去大約26個成年人的生命，所以如果在海上遇到時，千萬不要碰觸。

卓越的母愛

雌藍環章魚一次可以產60～100顆卵，會用手臂緊緊環抱住卵，直到孵化出小章魚。在這段期間裡，雌藍環章魚連食物都很少吃，待卵孵化完畢後，生命也畫下了休止符。

冒著生命危險品嚐的料理

如果吃下沒有把毒徹底清除乾淨的河豚料理，有可能會失去生命，但人們並沒有因此就放棄享用危險的河豚，因為牠們實在太好吃了。中國著名詩人「蘇東坡」也曾談及河豚料理，並說「值得以死交換」。

河豚的腹部有一個叫做「膨脹囊」的部位，受到刺激時會充滿水或空氣，使身體大大地膨脹起來。包裹著胃腸和身體的皮膚十分柔軟，伸縮性也十分強，可以撐大到平時的2～3倍。

星點東方魨 Grass puffer

星點東方魨屬於四齒魨科（Tetraodontidae）魚類，在韓國、日本、中國、臺灣等海域可見到。牠們是河豚中體型最小的，背部和腹部上有小刺。在小口裡有鳥喙形的牙齒，背部以褐色為底色，參雜著白色點紋，腹部呈白色。在國外大多是將牠們製作成生魚片或鍋物料理，因為體內含有河魨毒素等劇毒，一定要由專家烹調。

星點東方魨

學名：Takifugu niphobles
棲息地：西北太平洋溫帶海域
體長：最長15公分左右

魚餌小偷

星點東方魨對魚餌很執著，在垂釣者之間有「魚餌小偷」之稱。常常在吃完釣魚者的魚餌後，就逃跑了。

沙被

星點東方魨會聚集在海岸的岩石附近，到了晚上，有鑽進沙子裡睡覺的習性。

世界上最長的海洋生物

一般人都認為最大的海洋生物是「藍鯨」。但官方公佈，在1870年發現的37公尺長獅鬃水母，是世界上最長的海洋生物，而藍鯨只有33公尺長。

獅鬃水母雖然擁有巨大體型和劇毒，但對不怕毒的天敵束手無策。人類經常捕捉到海龜撕碎獅鬃水母的場景，海龜像在吃麵條般，把牠們撕成一條一條地，再美味地享用。

獅鬃水母 Lion's mane jellyfish

獅鬃水母是世界上體型最大的水母，長得像頭部般的身體，最大直徑為2.5公尺長，長得像腿的觸手有30公尺長。用長長的觸手漂浮在海面的樣子，就像獅子的鬃毛一樣，於是將其取名為「獅鬃水母」。就好似長頭髮的幽靈漂浮在海洋上，因此也有「北幽靈水母」之稱。水母的觸手有毒，就算死後也不會消失。所以也有些人觸摸了被海浪推至海灘上的死水母，因此而受傷。

星點東方魳
學名：Cyanea capillata
棲息地：北極海、北太平洋、
北大西洋
體長：約30公尺左右

出乎意料的弱毒性
長得像獅鬃的
巨型觸手含有毒性，
但其毒性並不會危及生命。

體色會隨著成長
發育而轉變
獅鬃水母長到10公分左右時，
是粉紅色或黃色的；長到40公
分左右時，就會轉變成紅褐色或
棕褐色；長到40公分以上時，
顏色就會漸漸地加深。

太空就拜託你了！

科學家們不斷地研究水熊蟲是否能在太空中生存下來，進行了用衛星和太空船承載水熊蟲至外太空的實驗。令人吃驚的是，這些水熊蟲竟然活著回來了！

透過研究水熊蟲如何適應外太空極端環境的實驗，將有助於人類未來在外太空中的飛行。

水熊蟲 Water bear

水熊蟲是緩步動物門的總稱，也被稱為緩步動物、熊蟲等。「緩步」是指走得很慢的意思。又粗又短的身體上還有四條腿，當牠們緩慢移動的樣子，看起來就像熊一樣，因此得名。牠們即便在世界上最高的喜馬拉雅山脈、世界上最深的深海，以及遠離地球的外太空等極端環境，都能生存下來。

水熊蟲

學名：Hypsibius dujardini
棲息地：整個地球
體長：0.1～1公釐

極強的生存能力

水熊蟲是宇宙中生命力最強的生物。在零下272度的寒冷地方或151度的高溫下，都有生存下來的實例。牠們也能承受大量的輻射，即便沒有水和食物，也能生存30年左右。

溫馴的草食性動物

在任何極端環境下都能生存下來的水熊蟲，就像是吃苔蘚的溫馴草食性動物。但幾乎沒有對抗變形蟲等微生物的能力，因此很容易成為這些微生物的獵物。

其實我一點也不殘忍啊！

這是誤會啊！

我們吃飽的時候，是不會發動攻擊的

哼，沒興趣

納氏鋸脂鯉如果生活在電影或小說中，常會被描繪成無情的怪物，因為會攻擊任何活著的東西，但這是過於誇張的描繪。納氏鋸脂鯉不會在吃飽的時候攻擊任何一種生物，為了證實這一點，國外某個電視節目的攝影組，進入河裡拍攝一群吃飽的納氏鋸脂鯉的生態，發現人們可以在這群吃飽的魚旁邊安全地游泳。

熱乎乎且新鮮的餌更好吧？

不，我最討厭熱的食物！我喜歡冰涼的

電影裡的納氏鋸脂鯉會捕食活的動物或人，事實上，他們對溫度變化非常敏感，他們不喜歡溫熱的食物。因此，在養殖納氏鋸脂鯉時，比起加熱過的魚肉，牠們更喜歡與水溫相近、剛解凍的魚肉。

納氏鋸脂鯉 Piranha

納氏鋸脂鯉的葡萄牙語為「Piranha」，在土著語言中的意思為「有牙齒的魚」，俗稱紅腹食人鯧和食人魚。有三角形的鋒利牙齒，下顎也很發達，咬合力也很大。因為性格非常凶狠且食慾大，經常作為好萊塢驚悚片的素材。但這是誇張的表現方式，牠們雖然會攻擊人或動物，但主要是以小魚或其他動物吃剩的屍體為主食。

納氏鋸脂鯉（俗稱：食人魚）

學名：Serrasalmus nattereri

棲息地：南美洲的亞馬遜河、奧利諾科河和帕里尼河流域

體長：約30公分

忙著逃命的魚

具攻擊性的凶猛納氏鋸脂鯉，因為擁有很多的天敵，如鱷魚、黃雀、亞馬遜河豚和巨骨舌魚，所以納氏鋸脂鯉經常是忙著逃跑的。

獨處時就是膽小鬼

納氏鋸脂鯉如果成群結隊的話，會表現出殘暴的攻擊性，但獨處時就會變得十分小心翼翼。也許是因為性格膽怯，所以經常都成群結隊的。

對原住民有用的魚

亞馬遜當地人透過垂釣方式捕捉納氏鋸脂鯉，甚至也會養殖。垂釣時，由於納氏鋸脂鯉的牙齒結實，所以會使用鐵絲線作為垂釣線。

83

危險！禁止靠近！

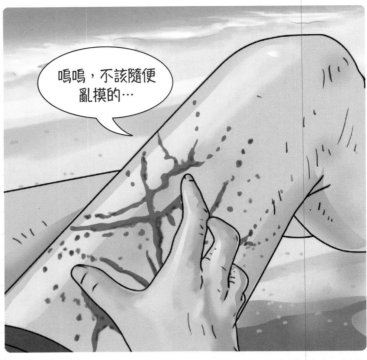

當皮膚接觸到箱型水母的毒液時，會感到十分痛苦。毒性雖然很危險，但在海裡有可能因劇烈疼痛導致無法游泳而溺水身亡。即便接受解毒治療，身體恢復健康了，但皮膚上仍會留下嚴重的疤痕，所以最好避免接近。

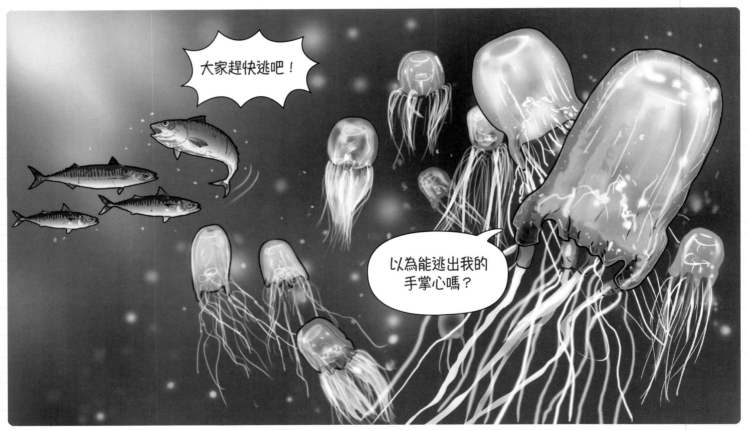

最大的箱型水母「澳大利亞箱形水母」，是擁有劇毒的生物。不僅擁有能瞬間變長的觸手和迅速的游泳技巧，再加上經常成群結隊地生活，因此一旦成為牠們的目標，就很難脫逃。

箱型水母 Box jellyfish

箱型水母是有別於水母的生物，過去被歸類為水母，但現在牠們是被歸類為箱型水母綱的無脊椎動物。箱型水母約有50多種，其中有些擁有足以威脅人類性命的劇毒，因此有「海洋黃蜂」之稱。箱型水母中最危險和體型最大的是「澳洲箱型水母」。因為至今仍沒有可以徹底解這種毒素的藥物，澳大利亞的科學家至今仍在研究解毒劑。

箱型水母

學名：Cubozoan
棲息地：南太平洋
體長：約20公分

唯一有眼睛的水母

一般的水母沒有眼、耳、鼻等
感官器官，但箱型水母足足
有24隻眼睛。有些眼睛的視力
不佳，但有些可以清楚地
識別獵物。

優秀的游泳運動員

大多數水母只可以在水面上
漂浮，卻不會游泳。
然而，箱型水母可以
游得比人還快。

看我銳利的牙齒

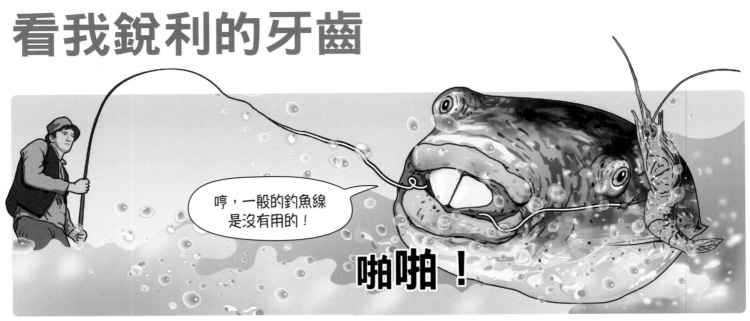

黃鰭東方魨的口很小，但牙齒十分銳利。因此，經常咬斷釣魚線而逃跑。所以若想要釣到牠們，需要有特殊的裝備。

也有外觀和黃鰭東方魨類似的「密點多紀魨」。密點多紀魨的背部沒有條紋，而是滿滿的深色紋路，但身體旁邊有條寬版的黃色橫條紋。

黃鰭東方魨因為鮮明的條紋和黃色魚鰭，所以身體膨脹起來時顯得特別漂亮。因此人們會將牠剝皮後，製作成裝飾品。

黃鰭東方魨 Yellowfin puffer

黃鰭東方魨是屬於四齒魨科的魚類，外觀有別於一般河豚的矮胖體型，看起來像是根長棒棍。腹部呈白色，背部呈黑色，還有白色條紋。因為身上的黃色鰭，因此稱為「黃河豚（Yellowfin puffer）」。表面乍看之下似乎很光滑，但近距離看時，皮膚上長滿了小刺，十分粗糙。依據朝鮮時代《資產御寶》一書的記載，黃鰭東方魨是擁有劇毒的代表性河豚。

黃鰭東方魨

學名：Takifugu xanthopterus

棲息地：東海、日本中部以南、韓國海岸

體長：50～60公分左右

產卵器的毒性

黃鰭東方魨一到春天，就從大海移動到河口產卵。這段期間的身體毒性會變得更強，所以最好不要將這時的牠們製作成料理。不僅是黃鰭東方魨，其他河豚的情況也差不多。

敏捷的游泳健將

黃鰭東方魨生活在中等深度的海洋中，因為衝破波浪的能力很出色，所以游動範圍很廣。

漫長的海洋生活

有生命的生物，壽命都是有限的。一般的壽命約從幾年到幾十年左右，但也有一些壽命驚人的生物。生活在海洋或淡水裡的生物中，哪一種生物的年齡最大呢？

北極蛤（Ocean quahog／Arctica islandica，又譯冰島鳥蛤）

北極蛤生活在北大西洋的深海中，與其他貝類生物相比，牠們的成長發育速度十分緩慢，但壽命卻十分長，可以透過殼上的類年輪般條紋來推測牠們的年齡。2006年在冰島附近捕獲了一隻年齡高達507歲的北極蛤，學者們為牠取名為「明」，因為牠誕生於中國明朝。然而，不幸的是，在學者研究明的過程中，「明」在張開口的過程中死亡。

海螯蝦科（Lobster，又名螯龍蝦科，俗稱美國龍蝦、加拿大龍蝦、澳洲大龍蝦）

生物之所以會變老，是因為細胞中的「端粒（Telomere）」消耗殆盡的關係，而被稱為「龍蝦」的海螯蝦科，擁有保護端粒不會消耗殆盡的能力。因此，牠們可以一直生存下去，而且也永遠不會變老。但有個問題，甲殼類生物的身體每當長大到一定程度時，就必須脫殼，每脫殼一次時，外殼就變厚一次，所以外殼就會隨著體型的增大而變厚，同時也會越難脫掉。所以如果身體一直長大時，最終過厚的外殼就無法脫掉，而死於殼內。目前所捕獲的最大一隻龍蝦，據推測約有140歲。

海參（Sea cucumber）

一般生物會隨著年齡的增長而變大。但海參的大部分身體是由膠原蛋白組成的，所以很難推測牠的年齡。依據情況的需求，牠們可以把身體縮小到如硬幣般的大小，也可以長到一公尺多。因此，至今仍未能正確知道海蔘的壽命有多長。依據強韌的生命力和超強的再生能力這兩點推測，也許牠們可以永遠生存下去。

沒有人知道我幾歲？

我的身體再怎麼被截斷，我都不會死！

水螅（Hydra）

水螅是生活在淡水中的低等生物，體長只有5～15公釐。雖然是沒有口和肛門的原始生物，但即使把身體切成200塊，全部都可以再生。此外，這個小生物在成長到一定程度後，就不會再變老了，理論上，牠們可以永遠活著。然而，在競爭激烈的生態體系下生存下來並非易事。

世界上最出色的海洋生物

我有超酷的鰭

有個外形像風帆般的鰭！魚叉準備就位！

啊，有人類啊？

但我喜歡的食物都是靠近水面游的…

雨傘旗魚是旗魚科中最靠近海岸的生物之一，這是因為牠們的食物都在水面附近，因此大型背鰭和尾鰭的一部分會暴露在水面上，在水面附近游泳時就很容易被垂釣者看見。

我釣到了這麼酷的傢伙！太棒了！

你等著瞧吧！我馬上也能抓到

所以垂釣者在船上會用魚叉或「拖釣」方式捕捉雨傘旗魚。所謂「拖釣」方式，即在船上以水平方向拖動釣線，以捕捉靠近水面的雨傘旗魚。

雨傘旗魚 Pacific sailfish

雨傘旗魚擁有尖長的吻部，外觀和條紋四鰭旗魚相似，但不同的是，有一個很大的背鰭，可作為游動時的方向盤。背鰭形狀就像是張開的風帆般，因此，在韓國將牠取名為「帆旗魚」。腹部上有條長得像繩子般的長鰭，藍色背部和灰白色腹部之間有數個條紋，當雨傘旗魚快速移動時，小魚會因為這些條紋而感到混亂，就很容易成為牠們的獵物。

雨傘旗魚

學名：Histiophorus orientalis
棲息地：太平洋、印度洋
體長：約3公尺左右

海洋之豹

雨傘旗魚能以110公里的時速移動，是海上移動最快速的魚。因此，牠們有「海洋之豹」的別名。之所以能這麼快速的移動，主要歸功於越靠近吻部的身體越呈尖狀的特徵，以及擁有良好推動力的寬尾巴。

隨心情轉變的體色

雨傘旗魚平時的背部呈藍色，腹部呈灰白色。但當心情很興奮時，體色會轉變成棕色、灰色或紫色等，或在銀色底色上出現亮藍色條紋和銀色點紋。吃獵物的時候，會在藍色底色上出現黃條紋。

驚心動魄的狩獵

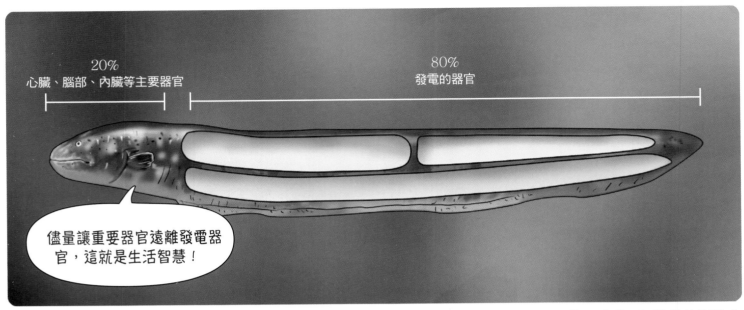

20%
心臟、腦部、內臟等主要器官

80%
發電的器官

儘量讓重要器官遠離發電器官，這就是生活智慧！

電鰻的主要器官都集中在頭部，儘量與身體後半部分的放電器官保持距離，以防止遭到電擊。皮膚下側堆積的脂肪也具有阻斷電的作用。

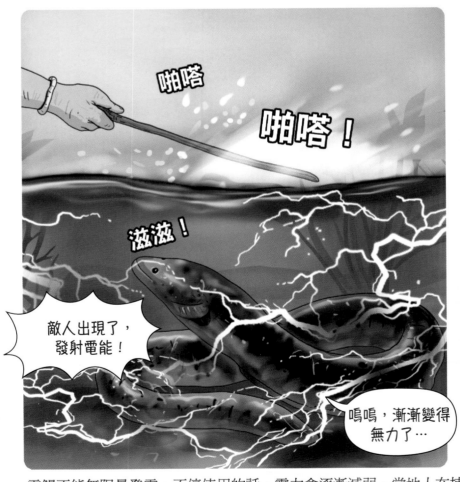

啪嗒

啪嗒！

滋滋！

敵人出現了，發射電能！

嗚嗚，漸漸變得無力了⋯

待牠們放完電後，再捕捉！

電鰻不能無限量發電，不停使用的話，電力會逐漸減弱。當地人在捕捉電鰻時，會不斷地拍打水面，受到驚嚇的電鰻們就會不停地放電，人們之後就會放入漁網捕捉電鰻。

電鰻 Electric eel

電鰻在外貌上長得像鰻魚，擁有細長的身體。但就生物學的角度而言，牠們和鯉魚或鯰魚更親近。在魚類中能製造出最強的電，身體後半部的兩側肋下各有兩個發電器官，透過這些器官可以製造出高達650至850伏特的電力，是可以馬上把人或馬電死的電力。牠們會慢慢靠近獵物，把獵物電暈，再捕捉來吃。

電鰻

學名：Electrophorus electricus
棲息地：南美洲亞馬遜河、奧利諾科河
體長：約 2公尺左右

多元運用電力

電鰻除了捕食獵物以外，還將電力活用在各種用途上。雖然視力不佳，但能透過發電檢測水中的物體，並向其他電鰻發出信號。

須在水面上呼吸

電鰻在水中時，為了呼吸會浮出水面。如果 15分鐘以上不浮出水面，就會窒息而死。

驚人的偽裝能力

歐洲烏賊的偽裝能力真是驚人啊！不僅是體色，就連膚質也可以模仿，因此即便是歐洲烏賊的同類，也互相無法辨識彼此的偽裝。

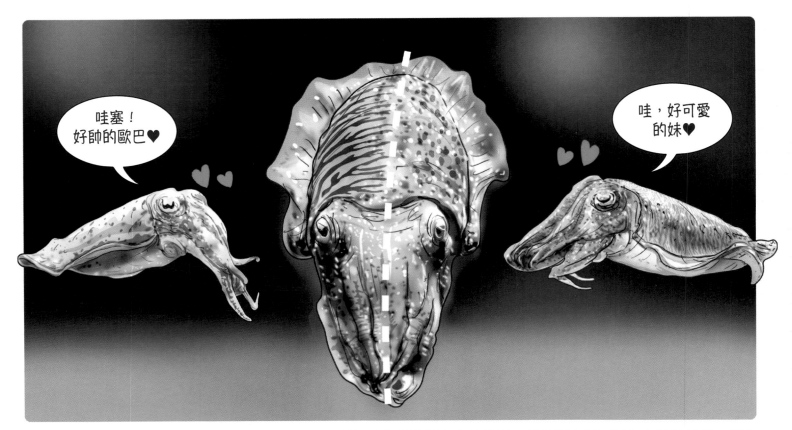

有些歐洲烏賊也會利用偽裝能力來進行交配。澳洲某所大學的研究小組證實，雄歐洲烏賊可以把自己的半個身體偽裝成雌性，使其他競爭的雄歐洲烏賊陷入混淆，自己就能繼續以雄歐洲烏賊之姿散發出光芒，吸引其他雌歐洲烏賊。

歐洲烏賊 Cuttlefish

歐洲烏賊的特徵，是體內有由石灰質組成的大骨頭。這塊骨頭的形狀像盔甲一般，所以也將歐洲烏賊取名為「甲魚」。 種類約有100多種，體型大小千差萬別，從指甲般大小到1公尺左右都有。肉質有彈性，味道清淡，常作為高級料理的食材。有10隻腳，其中最長的兩隻「觸手」腳平時是隱藏起來的，捕食獵物時才會使用。體色、膚質和皮膚形狀可以隨心所欲地轉變，隨著環境的需求偽裝成數百萬種樣子。

歐洲烏賊

學名：Sepia officinalis

棲息地：熱帶和溫帶淺海

體長：2.5～90公分

瞬間偽裝完成

歐洲烏賊的皮膚上有數百萬個色素細胞，可以瞬間偽裝成各種樣子。不僅可以將體色或紋路轉換成類似於周圍的環境，甚至也可以完美地偽裝成其他生物的外貌。

沒有可以丟掉的部位

歐洲烏賊的用途多元。肉可以作為料理食材，墨汁可以作為油墨的原料，骨頭也可以作為補充動物鈣質的營養劑，或作為止住傷口血液的止血劑。

施展催眠術

歐洲烏賊在遇到獵物時，會先把兩隻腳擺放在牠們的面前，再不斷轉變顏色，使其陷入混淆、被催眠的狀態，這時歐洲烏賊就會再把其他的腳伸直來捕捉獵物。

海洋裡的神槍手

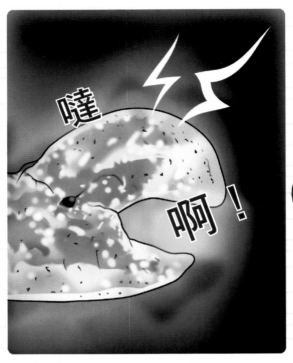

> 呵呵，我是百發百中的神槍手！

> 即使離這麼遠，還是被射中了…

當短脊槍蝦發出聲波時，就會像是發射子彈一樣，瞬間產生明亮的光線和熱。這時的熱度幾乎和太陽表面的溫度差不多，約高達4,700度！這種衝擊波可以殺死或擊暈1公尺以內的獵物。

> 短脊槍蝦，快點！敵人來了！

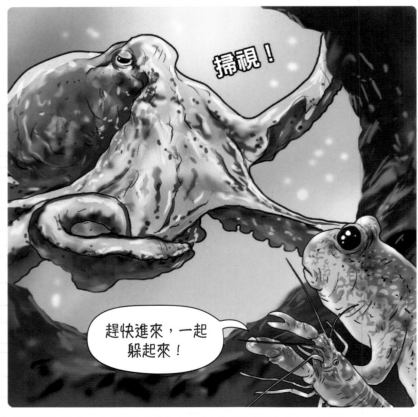

> 掃視！

> 趕快進來，一起躲起來！

視力不佳的短脊槍蝦經常與鰕虎魚合作。鰕虎魚在把風的過程中，每當發現敵人，就會迅速通知短脊槍蝦，一起躲入短脊槍蝦的藏身之處，以避開危險。

短脊槍蝦 Snapping shrimp

短脊槍蝦主要生活在溫暖的淺海裡，在韓國和日本的近海也經常可以看到牠們的蹤跡。總共有10隻腳，其中有一對鉗子狀前腳，兩個鉗子中稍大一點的鉗子會發出刺耳的聲響，高達218分貝。短脊槍蝦能利用發出這種聲音時所產生的衝擊波擊暈或殺死獵物，同時也能和夥伴們交流訊號。

短脊槍蝦
學名：Alpheus brevicristatus
棲息地：太平洋、印度洋等
體長：約5公分左右

用聲音捕食
短脊槍蝦以大鉗子壓縮空氣後再發射的方式，會製造聲波和衝擊波。這種舉動和開槍很類似，所以也稱牠們為「手槍蝦」。短脊槍蝦是世界上唯一利用聲波捕食獵物的動物。

階級分明的生活模式
有一部分的短脊槍蝦，過著像螞蟻和蜜蜂一樣的團體生活。以產卵的女王蝦為中心，分成工蝦和兵蝦等階級，各自擔任自己的角色。在海洋動物中，首次發現像短脊槍蝦這樣的社會生活模式。

像吸盤的圓形嘴

達摩鯊一旦發現獵物，就會利用像吸盤一樣的吻部吸附獵物，再將銳利的牙齒固定在獵物身體上，並旋轉自己的身體，切下圓形肉塊。這樣被吃一口的魚身上也會留下一個洞，但仍可以存活下去。

達摩鯊對於自認為是獵物的東西都會咬咬看，甚至於還咬過美國潛艇的橡膠和海底的電纜線等。

達摩鯊 Cookiecutter shark

也被稱為「劍目鯊魚」的達摩鯊體型偏小，但擁有和體型不成比例的巨牙。生活在水深1,000公尺以下的深海裡，會利用這些巨牙捕食體型比自己大很多的生物。習慣利用結構獨特的牙齒，將獵物撕成圓形塊狀，那個咬痕就像是麵糰被餅乾模具切割後的痕跡一樣，所以英文稱為「Cookiecutter shark」。

達摩鯊

學名：Isistius
棲息地：大西洋、太平洋
體長：50公分左右

用光欺騙

達摩鯊在脖子下方有個會發光的器官。
如果只用光照亮身體的某個部分，
就能吸引那些生活在黑暗的深海裡，
視力變差的海洋生物，會以為是發光的
小魚，結果一靠近自己的肉
反而被撕咬下來了。

吞下掉落的牙齒

用來捕食的鯊魚牙齒，會週期性地脫落
並重新長出。但達摩鯊有重新吞咽
自己掉落的牙齒的習性。
似乎是因為平時只吃獵物的肉，
導致鈣質攝取不足，
而出現這樣的舉動。

誰才是真正的章魚？

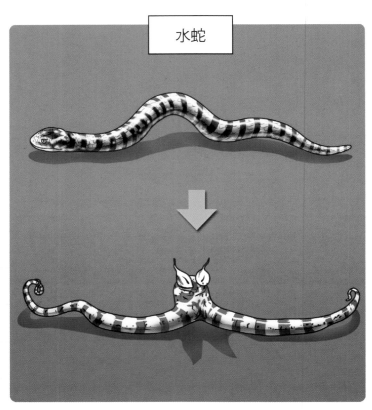

水蛇

擬態章魚不僅能隨心所欲地轉變體色和紋路的清晰度，還可以將身體變成各種型態，如將8隻腿伸得更長或變得更薄，或將身體變得更扁。

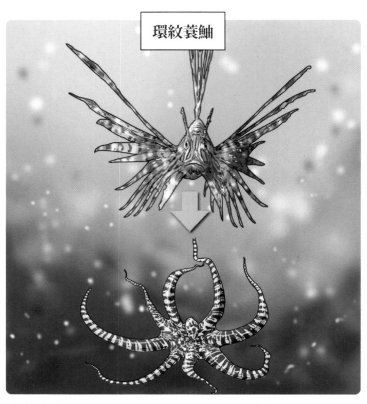

環紋蓑鮋

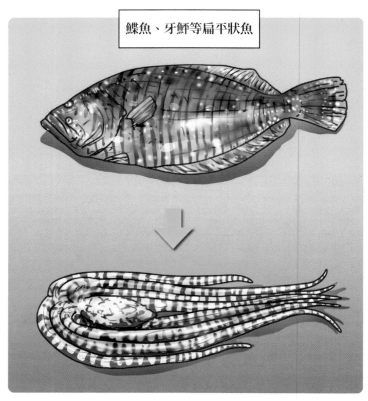

鰈魚、牙鮃等扁平狀魚

擬態章魚的偽裝術不是向母章魚或其他章魚學習，而是與生俱來的。科學家們至今仍未研究出擬態章魚是如何擁有這樣的天賦。

擬態章魚 Mimic octopus

世人知道擬態章魚的存在只不過數十年的時間而已。擁有亮色的體色和深棕色條紋，主要是捕食小魚和甲殼類為食。其最大特徵是能夠模仿海洋中的各種生物，每當受到威脅時，就會偽裝成其他生物，而不是像其他章魚一樣噴射墨汁後逃跑。不僅可以模仿某個生物的外表，就連移動的姿態、游泳速度都能模仿到位。

擬態章魚

學名：Thaumoctopus mimicus
棲息地：印尼附近海域
體長：約60公分

偽裝天才

擬態章魚可以模仿海蛇、螃蟹、環紋簑鮋、蝦、歐洲烏賊、海星、比目魚等，約40多種海洋生物。由於模仿能力太強，不論是海洋生物或人類，就連擬態章魚的同類也都無法識破牠們的偽裝，而常常被騙。

隨機應變

當敵人逼近自己時，就會偽裝成非常危險和可怕的海洋生物。反之，引誘獵物時，牠們會偽裝成脆弱的海洋生物。

是人類最好的朋友

生活在北極海的白鯨，在低溫的水下也能活動，可以運輸超過100公斤的重型物資，潛水移動2～3公里的距離。

因為非常聰明和溫順，容易被馴服，牠們曾被訓練作為軍事用途。如今在許多人的努力下，白鯨被禁止用於軍事，但也許在某些地方仍然有非法利用的情況。

白鯨 Beluga whale

白鯨是一種白色鯨魚，主要生活在冰冷的海水中，身體被厚厚的脂肪覆蓋著，看起來有點胖、不敏捷。凸起的額頭上有個填滿了脂肪的器官，壓按的話會有軟軟的感覺。幼鯨的體色呈灰色，隨著年齡的增長，體色會越來越淡，成年後全身會變成白色。以小魚等為主食，性格很溫馴，很親近人類。

白鯨
學名：Delphinapterus leucas
棲息地：北大西洋、太平洋、北極海
體長：3.5～5.5公尺

海洋裡的金絲雀
白鯨也像其他鯨魚一樣，用聲音進行各種交流，牠的聲音像金絲雀的叫聲一樣可愛，有「海洋金絲雀」之稱。

搓掉污垢
成年白鯨有時需要脫去皮膚的舊皮。因此，會出現牠們在地板上的礫石或沙子上摩擦身體的舉動，這時體色會暫時變黃，但等脫皮之後又會回到白色。

媽媽的跟屁蟲
白鯨的懷孕期約14個月，每2～3年產下一隻幼鯨，幼鯨會待在母鯨身邊喝母奶，時間長達兩年。

強而有力的吸盤

鮣喜歡附著在鯊魚身上。鯊魚一般過著邊移動邊覓食的生活，所以如果附著在鯊魚身上，就可以獲得鯊魚吃剩的食物殘渣。只要一附著在鯊魚身上，就不會和鯊魚分開了。所以捕獲鯊魚時，也會被一起捕獲。

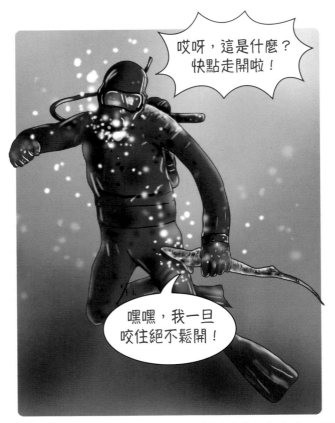

甚至會附著在喜歡海上休閒活動的潛水者身上。只要附著在某個東西上，牠們的吸盤就會呈真空狀態，所以怎麼拉都拉不掉。這時不能一直用力拉，而是把吸盤稍微往前推，就可以把牠取下來了。

鮣 Live sharksucker

鮣又稱為吸盤鯊，雖然名字有一個鯊字，但其實牠們不是鯊魚，和小甘鰺、黃甘和日本竹莢魚有親戚關係。牠們會利用身體上的吸盤吸附在其他海洋生物身上，跟著被吸附者一起移動，進食被吸附者吃剩的獵物殘渣。被吸附的海洋生物，包括像鯊魚一樣的大型海洋生物或比自己體型更小的魚，甚至是自己的同類。

鮣（又稱長印魚、吸盤魚）
學名：Echeneis naucrates
棲息地：太平洋、大西洋、印度洋
體長：30～90公分

強而有力的吸盤
鮣的吸盤是由背鰭變形而來的。吸附力很強，有時也會導致被附著的海洋生物身上的肉因此掉落。人類透過研究鮣的吸盤，開發出不易從水中脫落的人工吸盤。

鏟子形狀的下顎
之所以會附著在其他海洋生物身上，是為了吃這些海洋生物吃剩的獵物殘渣。鮣的口為了能輕鬆接到這些獵物殘渣，其下顎形狀是比上顎更突出的鏟子形。

讓我們一起守護海龜！

棱皮龜等海龜的喉嚨裡，長滿著無數的尖刺，這些刺的作用是防止吞下的食物溜走。牠最愛吃軟綿綿的水母。

最近因為海洋垃圾增多，導致海龜面臨了許多問題。把漂浮在大海上的垃圾袋誤認為是水母，吞下之後因此喪失生命了，這種情況的發生次數越來越多！這是因為喉嚨的刺，讓海龜不能吐出誤吞的垃圾袋，就這樣窒息而死。

棱皮龜 Leatherback sea turtle

棱皮龜是地球上最大的海龜種類，在海洋和陸地上的爬蟲類動物中體型排名第四。爬蟲類動物一般會隨著周遭環境而改變體溫，但棱皮龜則擁有將體溫維持在18度左右的能力。因為牠們也能在冷水中生活，分佈的區域比其他海龜更為廣泛。大多數的烏龜背部是由骨頭所構成，然而棱皮龜的背部是由皮革所構成的。牠不能把頭塞進龜殼裡，這點有別於其他海龜。

棱皮龜

學名：Dermochelys coriacea

棲息地：溫帶、亞熱帶海洋

體長：1.2～2.5公尺

紀錄保持者

棱皮龜可潛水至水深1,280公尺，游動時速為35.3公里。在爬蟲類動物中，牠們不僅保持了能潛水至最深處的紀錄，泳動速度也是最快的。

巨大的前腳

棱皮龜和其他海龜不同，沒有爪子，取而代之的是前腳尺寸非常大，有助於游泳的速度。至今發現了前腳長達270公分的棱皮龜。

肌肉發達的魚

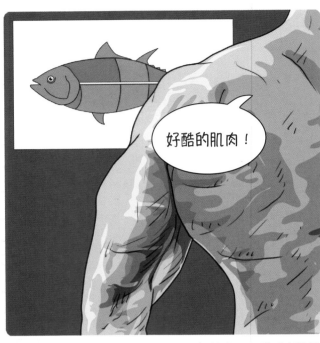

北方藍鰭鮪魚的鰓沒有肌肉，所以必須不停地游泳，才能讓鰓活動、進行呼吸，所以牠們必須一直游動。因為這樣的關係，北方藍鰭鮪魚的身體肌肉發達，力氣也很大。

因為力氣太大而不容易釣上來，所以捕撈牠們時能獲得與眾不同的樂趣，因此在垂釣者之間稱牠們為一生至少想釣到一次的夢想之魚。牠們是鮪魚中味道最佳的最高級魚，所以備受歡迎。

北方藍鰭鮪魚 Bluefin tuna

北方藍鰭鮪魚是重達數百公斤的巨型魚類。味道十分鮮美，常被製作成罐頭、生魚片和冷凍食品等。我們常說的「鮪魚」，就是北方藍鰭鮪魚。與其他魚類相比，牠們的體型較為豐腴，游動速度也非常迅速，時速約70～90公里。棲息地不固定，可以在廣範的地區裡迅速移動。

北方藍鰭鮪魚
學名：Thunnus thynnus
棲息地：太平洋、大西洋、印度洋
體長：最大3公尺

肉色呈紅色

肌肉中含有大量的血液，所以肉色呈紅色。因為體內含有大量血液，所以當死掉的時候，體溫就會上升到50度，肉也會迅速腐爛。所以抓到牠們之後，就會立即切除頭部、清除內臟，並以零下60度以下的低溫進行快速冷凍，再進行輸送。

維持恆溫的能力

大部分魚類的體溫
會隨著周圍溫度而改變。
然而，鮪魚類可以維持恆定的體溫，
因此可以生活在溫差較大的地區。

有毒的鯊魚肉

哎呀，這種氣味好像韓國的鰩魚喔！

像這樣曝曬4～5個月，就能做出美味的冰島發酵鯊魚肉。因為氣味刺鼻，不是大家都能接受

小頭睡鯊含有毒素。然而，冰島自古以來就很喜歡吃這種有毒的小頭睡鯊魚肉。先將肉埋在地下去除毒性，再綁在天花板上晾乾，就完成了冰島的傳統美食－「冰島發酵鯊魚肉」。

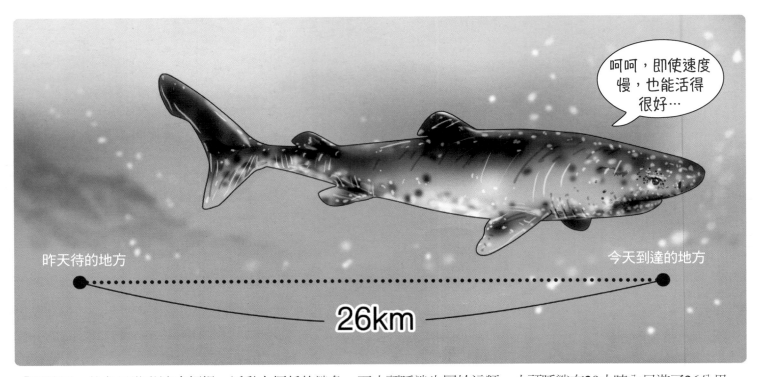

呵呵，即使速度慢，也能活得很好…

昨天待的地方

今天到達的地方

26km

「睡鯊屬」的魚是游動速度超慢、活動力極低的鯊魚，而小頭睡鯊也屬於這類，小頭睡鯊在29小時內只游了26公里。

小頭睡鯊 Greenland shark

小頭睡鯊是生活在地球最北邊的鯊魚。以巨大的身體緩慢地在海洋中游動，時速只有1.2公里，這與幼兒的走路速度差不多。但在捕食獵物的關鍵時刻，牠們就會迅速移動。約有100顆牙齒，捕食的對象包括魷魚、章魚和螃蟹等，就連海豹或鯨魚屍體，甚至於北極熊的肉都吃，可以說是北極海的頂級掠食者。

小頭睡鯊

學名：Somniosus microcephalus
棲息地：北大西洋
體長：約7公尺左右

失去視力

小頭睡鯊出生時原本是有視力的，但寄生在牠們眼睛裡的寄生蟲，會啃食著牠們的眼球表面，最後導致牠們逐漸失明，所以大部分的小頭睡鯊是看不到的。關於這種只生活在小頭睡鯊眼睛裡的寄生蟲，至今仍未完全瞭解。

成長發育速度慢

小頭睡鯊的成長發育速度十分緩慢，每年僅會長大1公分，完全發育完成需要150年的時間。身體的新陳代謝也很緩慢，心臟每10秒才會跳一次。

壽命最長的脊椎動物

小頭睡鯊是地球上最長壽的脊椎動物之一，平均壽命長達 400～500年，最近發現了一條500多歲的小頭睡鯊，一直生存至今。

尋找沉睡的魚

肺魚在旱季會睡在河床下等待下雨，當雨季來臨時，就會起來活動。一般可以睡在地底3～4年，南美洲曾發現了一條已經睡了7年的肺魚。

在非洲的房屋，大都是用曬乾的泥漿所製成的磚塊砌成的。因此，一不小心就會用到含有肺魚的泥土來建造房子。因此，當雨季來臨時，牆上的肺魚就會跳出來。

肺魚 Lung fish

肺魚是指可用鰾當作肺來呼吸的魚類，共有6個種類，分別來自澳大利亞、南美洲和非洲的淡水。牠們有一個類似鰻魚的細長身體，其中體型最大的種類是「石花肺魚」，體長達2公尺。當河水乾涸時，肺魚會鑽進泥漿中分泌黏液，待雨季來臨時再開始活動，擁有強大的生命力。

肺魚

學名：Dipnoi
棲息地：澳大利亞、南美洲、非洲等地區的淡水
體長：40公分至2公尺

弱視

肺魚的眼睛很小，因此視力不佳。牠們會發出微弱的電流感應周圍的生物，或利用嗅覺尋找獵物。

活化石

肺魚是一種非常古老的魚類，從古生代至現代不曾滅絕過，被視為是兩棲動物和爬蟲類動物的祖先，因為牠們可以在水中和陸地上生活。

多才多藝的魚

生物為了適應環境，以各種方式進化，以便能存活下來，其中有某些生物發展了自己的獨特才能。除了我們之前遇到的海洋生物之外，來看看其他的海洋生物有什麼奇妙的才能吧！

背眼鰕虎亞科

（Gobiidae／Mudskipper）

背眼鰕虎亞科是指鰕虎科（Gobiidae）魚的通稱。牠們生活在由泥漿、泥濘或沙子組成的河口，胸鰭發達，可以在地板上爬行。牠們雖是魚類，但就像兩棲動物一樣，也可以在水以外的地方生活。須把頭伸出水面外呼吸，所以如果在水裡太久，就會喘不過氣來。在潮濕的地方，不用進入水裡，就可以生活好幾天。因為牠們在鰓的水袋裡裝滿水後，再一點一滴地浸溼鰓來呼吸。

射水魚科

（Archerfish／Toxotes cuvie）

射水魚主要生活在熱帶或亞熱帶的紅樹林地區，是唯一能進行遠距攻擊的魚類。以在水中往外射水槍的方式來捕食而聞名。牠們射擊的距離約3公尺，命中率接近100%，十分驚人！就連昆蟲和小蜥蜴也可以獵殺。並不一定都是往水面外射水槍，也會朝地面的泥濘射水槍，以獵殺躲藏其中的生物，也會直接跳出水面，用嘴捕食靠近水面的獵物。在數以萬計的魚類中，射水魚是如何擁有這種特殊能力，至今仍是一個謎。

我的實力如何啊？

克氏雙鋸魚
（Clark's anemonefish）

體色和紋路皆很漂亮的克氏雙鋸魚，可以從身體上分泌出黏液的能力，當受到敵人威脅時，就可以躲入有毒的海葵裡，而敵人因為海葵的毒就不敢靠近，但克氏雙鋸魚的黏液可以保護自己免於海葵的毒害。而海葵也會捕食尾隨在克氏雙鋸魚後面的魚，以填飽肚子。克氏雙鋸魚和海葵的關係，可以說是互助合作的共生關係。

八部副鳚（Blenny／Gunneles）

八部副鳚的外形長得跟鰻魚一樣細細長長的，其最大特徵就是只有一個從魚頭銜接至魚尾的長鰭。當海水深度較淺時，八部副鳚就會停留在水中，在漲潮之際，又會機智地跳到附近的岩石或陸地，以便避開潮汐漲潮之際會遇到的輻紋海豬魚、蠕紋裸胸鯙、鰈魚等捕食者。八部副鳚在水面外生活時，會用從海浪中濺出的水花浸濕鰓，以進行呼吸。

我雖然是魚，但也可以在陸地上呼吸

世界上最 神祕的

海洋生物

閃閃發光的犬齒

達納蝰魚擁有超級寬的下頜，能一次張開到120度角，毫不費力地吞下一隻大魚。達納蝰魚的尖銳犬齒可以長到15公分長。當獵物靠近時，會先用犬齒刺傷對方再塞進嘴裡。

達納蝰魚有一個像釣魚竿垂在背上的發光器官，以便誘惑獵物。此外，在張開的嘴裡有超過1,000個發光器官，使自己透明的牙齒像星星一樣閃閃發光。視力差的深海生物，會不知不覺地隨著這些美麗的光線進入達納蝰魚的嘴裡。

達納蝰魚 Viperfish

達納蝰魚的體長雖然只有60公分，但與大多數體型嬌小的深海生物相較之下，體型偏大。牠們擁有像毒蛇般的細長犬齒，因此有「毒蛇肉」的綽號。牠們是壽命很長的魚類之一，約有50年左右。

達納蝰魚

學名：Chauliodus danae
棲息地：水深1,500公尺左右的深海
體長：約60公分

迷人大眼睛

在深邃的深海裡，幾乎沒有光、很昏暗，因此大多數的深海生物往往看不到前方。
但達納蝰魚卻可以用自己大眼睛，看到相當遠的地方。

全身閃閃發亮

有很多自體會發光的深海魚，
尤其達納蝰魚發的光特別亮。
達納蝰魚利用背鰭上的發光器官，
進行捕食或尋找伴侶。
口裡約有1,350個發光器官，
可以誘惑獵物進入。

121

海星殺手

與漂亮的外貌相反，油彩蠟膜蝦的性格十分凶殘，可以活抓比自己體型更大的海星。當一對雄蝦和雌蝦一起捕殺海星時，會合力把海星翻面，使之無法動彈，再慢慢啃食。

油彩蠟膜蝦有時會將捕捉到的海星帶到藏身之處，分好幾天吃完。而且為了能吃到新鮮的海星，也會帶食物回來給海星吃。真的很友善，但也殘忍吧？

油彩蠟膜蝦 Harlequin shrimp

在韓國油彩蠟膜蝦也被稱為「小醜蝦」，奶油色的身體上夾雜著許多絢麗的斑紋，乍看之下就像是花朵。這種絢麗的顏色和紋路，不僅可以警告對方自己有毒，不要亂觸摸，也具有保護色的作用，當躲入珊瑚礁的縫隙中時，敵人不易發現。雄蝦和雌蝦會一起合作捕食，雌蝦的體型稍微大一些。

油彩蠟膜蝦

學名：Hymenocera picta
棲息地：印度洋、太平洋
體長：40公分至2公尺

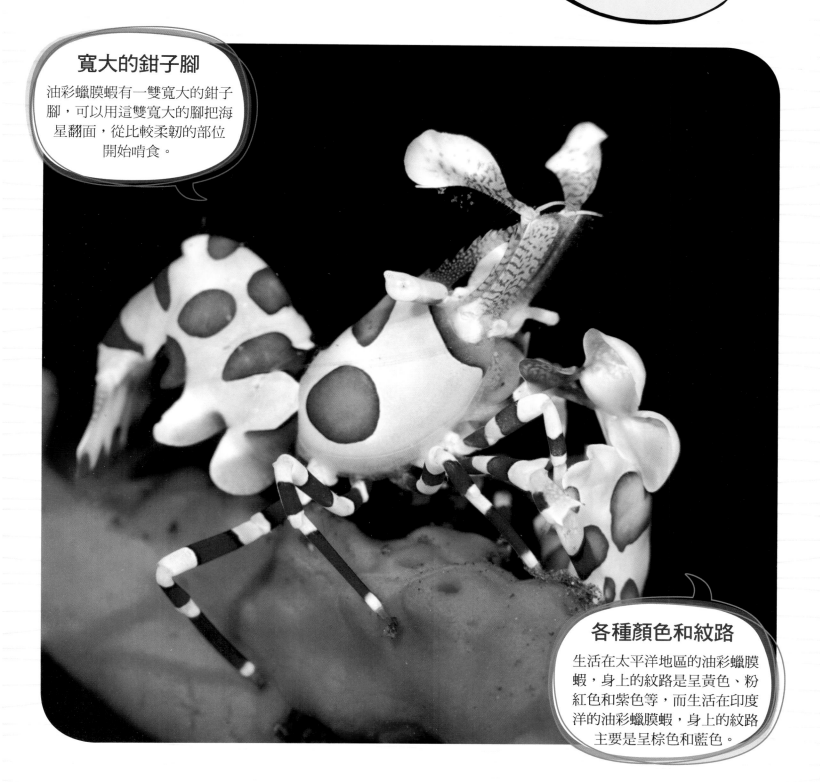

寬大的鉗子腳

油彩蠟膜蝦有一雙寬大的鉗子腳，可以用這雙寬大的腳把海星翻面，從比較柔韌的部位開始啃食。

各種顏色和紋路

生活在太平洋地區的油彩蠟膜蝦，身上的紋路是呈黃色、粉紅色和紫色等，而生活在印度洋的油彩蠟膜蝦，身上的紋路主要是呈棕色和藍色。

蝌蚪的變態

1863年有六隻墨西哥鈍口螈被送至法國巴黎的植物園裡，從那時起牠們被改造成今日的寵物型態，並輸送至全世界。

墨西哥鈍口螈因為不能製造出足夠的生長激素，所以成體型態就是蝌蚪，但如果攝取足夠的營養素，就可以發育成外形像蜥蜴一般的成體型態。蝌蚪型態的壽命有10年左右，但成體型態只有1年左右。

墨西哥鈍口螈 Axolotls

墨西哥鈍口螈在韓國以英文名「axoloti」或「墨西哥蠑螈」而廣為人知。因為鰓突出於頭部兩側的樣子很可愛,備受人類喜愛,常作為寵物來飼養。大多數兩棲動物經過了在水裡的蝌蚪期,但在成長為成體之後,就可以在水以外的地方生活。墨西哥鈍口螈的特徵是成年後也仍然維持蝌蚪型態。沒有牙齒無法咀嚼食物,所以會有將進入到嘴裡的食物直接吞咽下去的習性。

淡水

墨西哥鈍口螈

學名:Ambystoma mexicanum
棲息地:墨西哥的一些湖泊
體長:15～45公分

驚人的再生能力

目前科學界對於墨西哥鈍口螈出色的再生能力,做了許多相關的研究,不僅身體受到毀損的部位,就連心臟都有再生能力。

毛狀鰓

一般的兩棲動物成熟後,會長出肺以取代鰓,往返於水陸之間生活。但墨西哥鈍口螈即使成年之後,鰓也不會消失,所以必須一直生活在水裡。

雄魚和雌魚的巨大差異

生活在深海的雌多指鞭冠鮟鱇和雄多指鞭冠鮟鱇的體型差異很大， 雌魚是雄魚的15倍大。所以當雌魚和雄魚在一起時，雄魚看起來就像是幼魚一樣。

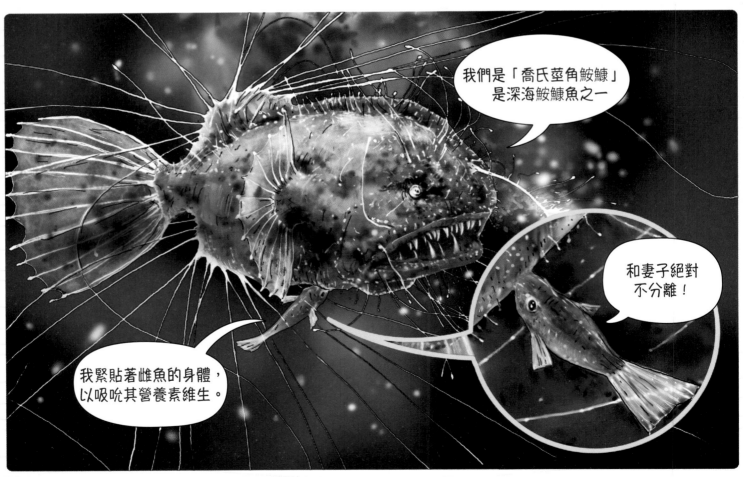

深海鮟鱇魚中，關於「小雄喬氏莖角鮟鱇緊貼著雌鮟鱇的身體」的罕見影像資料也曾被公開。甚至隨著時間的推移，雄鮟鱇的眼睛、鰭和內臟完全被雌鮟鱇給吸收，彼此結合為一體。

多指鞭冠鮟鱇 Atlantic football fish

多指鞭冠鮟鱇頭頂的觸角末端會發光，看似燈籠，所以取名為「燈籠鮟鱇」。因體型酷似橄欖球，英語稱牠們為「足球魚（football fish）」。在黑暗的深海中，多指鞭冠鮟鱇觸角末端閃閃發亮的樣子就像是釣魚竿垂釣的樣子，總是靜靜地等著捕捉尾隨光線而來的獵物。

多指鞭冠鮟鱇

學名：Himantolophus groenlandicus
棲息地：水深800公尺的深海
體長：雌魚約60公分，
雄魚約 4公分

全身都是水

外表看起來十分具有威脅性，但事實上，除了身體外皮外，大部分都是由水所構成的，外皮也像果凍一樣軟軟的。

發光的祕密

其實多指鞭冠鮟鱇自體不會發光，但其觸角末端有一個小口袋，口袋裡裝著許多細菌，再利用這些細菌發光。

127

獨樹一幟的捕食法

大翅鯨的捕食方法別出心裁，且十分多元化。好幾隻大翅鯨會在海裡一起噴出大量的水泡，把魚群關在裡面捕食。

有時牠們會張大嘴巴，靜靜地等待著魚群自投羅網。因為被水鳥追趕的魚群會把大翅鯨的大嘴誤認為是個安全地區，而自動跳進去，大翅鯨只需等待現成的獵物上門。

大翅鯨 Humpback whale

大翅鯨在嘴裡用鬍鬚過濾掉海水，只進食水中的食物，屬於鬚鯨科。體型相當龐大，體重約30～40公噸，以蝦、小魚和浮游生物等為主食，每天的食量約為一公噸左右。夏天去極地的海邊覓食，冬天移動到熱帶或亞熱帶的海邊生產並養育幼鯨，一年的移動距離約為25,000公里。

大翅鯨（又稱座頭鯨、駝背鯨）
學名：Megaptera novaeangliae
棲息地：地中海除外的世界各大海洋
體長：11～16公尺

與人的壽命差不多
大翅鯨經過約一年的懷孕期，產下體長4.5至5公尺的幼鯨。幼鯨需要5～7年生長發育期，壽命約為45～100年。

鯨魚歌王
大翅鯨是可以發出最動人悅耳聲音的鯨魚之一。各種聲音可以持續很長的時間，就像唱歌一樣，短則5分鐘，長則30分鐘以上。

獨特的胸鰭
大翅鯨的胸鰭上有凹凸不平的突起。這些突起有助於防止大翅鯨的龐大身體下沉。

鰭的偽裝術

葉形海龍的最大特徵，就是擁有長得像飄動樹葉的鰭。這絢麗的鰭主要用於偽裝和隱藏自己身體，因外觀和海藻很相似，所以很適合用於藏身。

海龍魚科中還有「草海龍」。草海龍的體型比葉形海龍更為嬌小，鰭的數量也更少。但草海龍長得比海藻更像海藻，這是因為草海龍主要生活在海藻的縫隙之間。

葉形海龍 Leafy seadragon

葉形海龍和海馬一樣同屬於海龍魚科，身體的外觀與海馬相似，但和海馬不同的是，牠們有海藻狀鰭。牠們不是被鱗片而是被堅硬的盔甲形板片給覆蓋住，外觀看起來就像是一條小龍，因此被命名為海龍。緩慢地漂浮在水中，捕食小浮游生物或蝦為食，壽命約2至3年。

葉形海龍

學名：Phycodurus eques
棲息地：澳洲近海
體長：20公分左右

卵由爸爸來孵！

雄葉形海龍的尾巴末端有一個小口袋，雌葉形海龍在這個口袋裡產下約250個卵。卵約在六周之後孵化，乍看之下，像是一隻雄葉形海龍在產卵。

脆弱的尾巴

葉形海龍不能像海馬一樣用尾巴緊緊抓住某個東西，因此當暴風雨來臨時，很容易被浪給席捲，最終導致失去性命。

是海藻還是魚？

裸躄魚的英文名字為「Sargassum fish」，是「馬尾藻魚」的意思，馬尾藻是一種海藻。

裸躄魚很喜歡馬尾藻，擅長隱匿在馬尾藻裡。牠們一般獨自生活在馬尾藻叢裡，或好幾隻保持一定的間距，群聚在馬尾藻叢中生活。靜靜地躲藏在馬尾藻裡，然後再突然衝出來捕食獵物。

裸躄魚 Frog fish

躄魚科通常擁有像球一般短而豐滿的身體，以及凹凸不平的皮膚。可以利用這樣的身體特質，來將自己偽裝成類似周圍的環境。裸躄魚主要棲息在海藻縫隙中，會依據情況變裝的偽裝術非常出色，所以牠們的學名中加入了拉丁語中有「舞臺上的演員」之意的「histrio」。而且牠們的體色可以依環境轉換成多種顏色。

裸躄魚

學名：Pterophryne histrio
棲息地：韓國、中國和日本溫暖的海洋
體長：14公分左右

假釣魚竿

黃色的背鰭長得很像釣魚竿，而背鰭末端長得很像誘餌。掛著誘餌的釣魚竿在獵物眼前晃動，以便誘騙獵物上鉤。

洞穴般的口

裸躄魚有像洞穴般的大口。張開口後，只需要0.16秒，就能迅速吞下比自己體型更大的獵物。

有毒的石頭

完美無缺！

哎呀！不是石頭耶！

玫瑰毒鮋的偽裝術是無懈可擊的。因潛水等活動入海的人，曾因誤以為牠們是岩石，而被刺傷過。

當分泌腺裡的毒液用完後，需要幾周時間才能再次被填滿

如果你不亂摸我，我也不會隨便放毒

玫瑰毒鮋的刺有劇毒，所以要特別謹慎！若被刺傷可能會失去生命，只要不主動攻擊牠們，牠們是很安全的。

玫瑰毒鮋 Stone fish

玫瑰毒鮋的外觀就如英文名字「石頭魚（Stone fish）」一樣，看起來像一塊石頭。此外，牠們通常被半埋在石堆、珊瑚礁和沙底裡，因此很難被發現。背部有12～14個毒針，含有致命性的毒，在英語中也被稱為「毒蠍魚（Poison scorpion fish）」。被這種毒針刺傷時，可能會出現極度疼痛和麻木的症狀，嚴重時甚至會失去生命。

玫瑰毒鮋

學名：Synanceia verrucosa

棲息地：印度洋、太平洋海域中的珊瑚礁

體長：30～40公分

像石頭一樣堅硬的肌膚

玫瑰毒鮋看起來像是一顆石頭，皮膚也像石頭一樣粗糙和堅硬，顏色也像岩石一樣呈黑褐色，但也可以會轉變成其他顏色。

脫皮的魚

玫瑰毒鮋的皮膚像石頭一樣堅硬，但隨著身體的成長發育，每50天就需要脫皮一次。

你不知道的水中怪物

世界上任何一個地區，都有關於生活在海洋或湖泊中的怪物故事。有些是虛構的，有些是真實的。不過，水裡真的有像怪物一樣可怕的生物喔！

美洲大赤魷（Humboldt squid/Dosidicus gigas）

美洲大赤魷就是世界上像怪物般可怕的海洋生物之一。體長2公尺，體重45公斤。瞬間移動時速高達72公里，性格十分凶殘，攻擊性極強。拉丁美洲流傳著這樣的一句話：「與其和美洲大赤魷相遇，不如伴鯊魚游泳。」可見其極為恐怖。

大鱷龜（Alligator snapping turtle）

大鱷龜是生活在淡水中的烏龜中體型最大的海洋生物，背殼上有尖形突起。成年的大鱷龜體長約70～80公分，體重約80公斤。因性格較為凶殘，而有「淡水暴龍」之稱。下頜強而有力，會捕食小魚、殼硬的貝類等。因為性格殘暴，就連鱷魚也不敢隨便招惹大鱷龜。

我是「淡水暴龍」

大硨磲（Giant clam，又稱巨蚌、巨硨磲蛤）

大硨磲是主要棲息於南太平洋和印度洋淺海珊瑚礁地帶的大型貝類。體長約120公分、體重約200公斤。經常在張著大口、吸水的過程中，攝取水中的食物。當遇到危險時就會閉起嘴來，萬一不小心把手或腳放進大硨磲的口裡，會發生什麼事呢？別擔心，牠們閉口的速度十分慢，有足夠的時間挪開。

千萬要小心！腳別被我的大嘴夾住啦！

巴拉金梭魚（Barracuda）

巴拉金梭魚是20多種金梭魚科的總稱。主要生活在熱帶或亞熱帶地區的海洋中，隨著種類的不同，體型大小從50公分到2公尺不等。牠們的特徵是擁有像蛇一樣長的身體、像長槍一樣的吻部，攻擊性極強。如果以最高時速30公里的速度衝向魚群，有些魚就會立即死亡。巴拉金梭魚擁有像軍隊一樣成群結隊的習性，當數千隻成群結隊的巴拉金梭魚群展開攻擊時，可以說是所向無敵。

試著活用索引尋找海洋生物

（依筆劃排序）